走向深蓝·海洋管理系列

海洋环境管理

范英梅　刘　洋　孙　岑 编著

海洋法律与政策东北亚研究中心（教育部备案 GQ17091）资助

大连海洋大学研究生教育教学改革与创新工程项目资助

大连海洋大学社会科学界联合会资助

辽宁省社会科学界联合会：《辽宁海洋发展法律与政策研究基地》项目资助

中国太平洋学会海洋维权与执法研究分会资助

辽宁省法学会海洋法学研究会资助

大连市社会科学界联合会、大连市国际法学会资助

北京龙图教育/龙图法律研究院资助

东南大学出版社
SOUTHEAST UNIVERSITY PRESS

·南京·

图书在版编目（CIP）数据

海洋环境管理 / 范英梅，刘洋，孙岑编著. —南京：
东南大学出版社，2017.12（2021.1 重印）

（走向深蓝 / 姚杰，裴兆斌主编. 海洋管理系列）

ISBN 978 - 7 - 5641 - 7542 - 9

Ⅰ . ①海… Ⅱ . ①范… ②刘… ③孙… Ⅲ . ①海
洋环境—环境管理 Ⅳ . ①X834

中国版本图书馆 CIP 数据核字（2017）第 313618 号

海洋环境管理

出版发行		东南大学出版社
出 版 人		江建中
社　　址		南京市四牌楼 2 号（邮编：210096）
网　　址		http://www.seupress.com
责任编辑		孙松茜（E-mail：ssq19972002@aliyun.com）
经　　销		全国各地新华书店
印　　刷		广东虎彩云印刷有限公司
开　　本		700mm×1000mm　1/16
印　　张		11.75
字　　数		237 千字
版　　次		2017 年 12 月第 1 版
印　　次		2021 年 1 月第 2 次印刷
书　　号		ISBN 978 - 7 - 5641 - 7542 - 9
定　　价		49.80 元

（本社图书若有印装质量问题，请直接与营销部联系。电话：025 - 83791830）

走向深蓝·海洋管理系列编委会名单

主　任：姚　杰

副主任：张国琛　胡玉才　宋林生　赵乐天
　　　　裴兆斌

编　委（按姓氏笔画排序）：

王　君　王太海　田春艳　刘海廷

刘新山　刘　鹰　朱　晖　高雪梅

常亚青　彭绪梅　蔡　静　戴　瑛

━━━总　序 *Total Order*

　　海洋对自然界、对人类文明有着巨大的影响,人类社会发展的历史进程一直与海洋息息相关。海洋是生命的摇篮,它为生命的诞生、进化与繁衍提供了条件;海洋是风雨的故乡,它在控制和调节全球气候方面发挥着重要的作用;海洋是资源的宝库,它为人类提供了丰富的食物和无尽的资源;海洋是交通的要道,它为人类从事海上交通提供了经济便捷的运输途径;海洋是现代高科技研究与开发的基地,它为人类探索自然奥秘、发展高科技产业提供了广阔的空间。

　　2002 年可持续发展世界首脑会议通过的《约翰内斯堡执行计划》进一步指出,应"促进在国家一级采用综合、跨学科及跨部门的沿海与海洋管理方法,鼓励和协助沿海国家制定海洋综合管理政策和建立相关机制"。2005 年联合国世界首脑会议提出要"在各个层面加强合作与协调,以便用综合方法解决与海洋有关的各类问题,并促进海洋综合管理与可持续发展"。2012 年 6 月联合国可持续发展大会通过了题为"我们憧憬的未来"的成果文件,进一步重申了 1992 年联合国环境与发展大会和 2002 年可持续发展世界首脑会议做出的承诺。2012 年 11 月 26 日,联合国秘书长和联合国系统行政首长协调理事会在关于《对联合国海洋事务协调机制的评估》报告的评论意见中指出,联合国联合检查组提出的第一条建议是"联大应在第六十七届会议上建议各国设立海洋和有关问题的国家协调中心","联合国系统各组织对此建议表示支持和欢迎"。

　　从 20 世纪 70 年代开始,尤其是自 1992 年联合国环境与发展大会以来,联合国日益重视海洋事务,并建立了联合国海洋事务协调机制,许多沿海国家纷纷制定海洋战略、政策与计划,推进海洋综合管理与海洋事务高层协调机制和执法队伍建设。我国在推进海洋综合管理方面已取得显著进展。近年来,党中央、国务院高度重视海洋工作。党的十六大在规划我国未来 20 年经济与社会发展宏伟蓝图时,将"实施海洋开发"作为其中一项重要的战略部署。党的十八大报告指出:"提高海洋资源开发能力,坚决维护国家海洋权益,建设海洋强国。"《中华人民共和国国民经济和社会发展第十一个五年规划纲要》首次将海洋作为专门一章进行规划部署。《国家中长期科学和技术发展规划纲要(2006—2020 年)》也把海洋科技列为我国科技发展五大战略重点之一。

由此可见,海洋事业将在我国政治、经济和社会发展中发挥越来越重要的作用,因而,将目光转向海洋、经略海洋,实施有效的海洋管理,是我国新时期实现新发展的重要内容,也是我国实施可持续发展战略的必然选择。

我国现行的海洋管理体制是在我国社会主义建设初期的行政管理框架下形成的,其根源可推至我国计划经济时期形成的以行业管理为主的模式,是陆地各行业部门管理职能向海洋领域的延伸。① 自中华人民共和国成立以来,我国海洋管理体制大概经历了四个阶段:

第一阶段是分散管理阶段。从 1949 年至 20 世纪 60 年代中期,我国对海洋管理体制实行分散管理,主要是由于中华人民共和国刚刚成立,对于机构设置、人员结构的调整还处于摸索和探索时期,这时主要效仿苏联的管理模式,导致海洋政策并不明确,海上执法建设相对落后。随着海洋事务的增多,海洋管理规模的扩大,部门与部门之间、区域与区域之间出现了职责交叉重叠、力量分散、管理真空的现象。②

第二阶段是海军统管阶段。从 1964 年到 1978 年,我国海洋管理工作由海军统一管理,并且成立了国务院直属的对整个海洋事业进行管理的国家海洋局,集中全国海洋管理力量,统一组织管理全国海洋工作。此时的海洋管理体制仍是局部统一管理基础上的分散管理体制。

第三阶段是海洋行政管理形成阶段。这一阶段的突出特点是地方海洋管理机构开始建立。至 1992 年年底,地(市)县(市)级海洋机构已达 42 个,分级海洋管理局面初步形成。海上行政执法管理与涉海行业或产业管理权力混淆在一起,中央及地方海洋行政主管部门、中央及地方各涉海行业部门各自为政,多头执法,管理分散。

第四阶段是综合管理酝酿阶段。国家制定实施战略"政策""规划""区划"协调机制以及行政监督检查等行为时,开始注重以海洋整体利益和海洋的可持续发展为目标,但海洋执法机构仍呈现条块结合、权力过于分散的"复杂局面"③。现实中多头执法、职能交叉、权力划分不清等状况没有得到改善。

2013 年 3 月 10 日《国务院机构改革和职能转变方案》公布,为了进一步提高我国海上执法成效,国务院将国家海洋局的中国海监、公安部边防海警、农业部中国渔政、海关总署海上缉私警察的职责整合,重新组建国家海洋局,由国土资源部

①　刘凯军.关于海洋综合执法的探讨.南方经济,2004(2):19-22.
②　宋国勇.我国海上行政执法体制研究.上海:复旦大学硕士学位论文,2008.
③　仲雯雯.我国海洋管理体制的演进分析(1949—2009).理论月刊,2013(2):121-124.

管理。①

总之，为了建设强大的海洋国家，实现中华民族的伟大复兴，更好地维护我国海洋权益和保障我国海上安全，有效地遏制有关国家在海上对我国的侵扰和公然挑衅，尽快完善我国海洋管理体系显得尤为必要，这也是海洋事业发展的紧迫要求和时代赋予我们的神圣使命。

为使我国海洋管理有一个基本的指导与理论依据，大连海洋大学法学院、海警学院组织部分教师对海洋管理工作进行研究，形成了"走向深蓝·海洋管理系列"成果。

丛书编委会主任由姚杰担任；张国琛、胡玉才、宋林生、赵乐天、裴兆斌担任丛书编委会副主任。王君、王太海、田春艳、刘海廷、刘新山、刘鹰、朱晖、高雪梅、常亚青、彭绪梅、蔡静、戴瑛担任编委。

丛书主要作者刘洋系大连海洋大学法学院、海警学院行政管理教研室副主任，杜鹏系大连海洋大学法学院、海警学院人力资源管理教研室主任，长期从事海洋综合管理教学与科研工作，理论基础雄厚。其余作者均系大连海洋大学法学院、海警学院等部门的教师、研究生，及其他院校的教师、博士和硕士研究生，且均从事渔政渔港监督管理、海洋行政管理、邮轮游艇管理、海洋人力资源管理、国际人力资源管理等的教学与科研工作，经验十分丰富。

本丛书的最大特点：准确体现海洋管理内涵；体系完整，涵盖海洋管理所有内容；理论联系实际，理论指导实际，具有操作性。本丛书既可以作为海洋行政管理部门管理海洋的必备工具书，又可作为海洋行政管理部门的培训用书；既可以作为涉海高校行政管理专业、人力资源管理专业本科生的方向课的教材，又可作为这些专业的教学参考书。

希望本丛书的出版，对完善和提高我国海洋管理水平与能力提供一些有益的帮助和智力支持，更希望海洋管理法治化迈上新台阶。

大连海洋大学校长、教授

2016 年 11 月 11 日

---

① 李军.中国告别五龙治海.海洋世界,2013(3):6-7.

目　录

第一章
海洋环境管理概述

第一节 海洋环境的特点

海洋是生命的摇篮和人类的资源宝库,是支持人类可持续发展的一个重要空间,主要包括海水、溶解和悬浮于水中的物质、海底沉积物以及生活于海洋中的生物。海洋环境是一个很复杂的系统,其主要特征至少包括以下三点。

一、整体性和区域性

海洋环境的整体性,是指海洋环境的各个组成部分或要素构成一个完整的系统,故又称为系统性。系统内的各环境要素是互相联系、互相影响的。海洋环境的区域性或称区域环境,是指环境特性的区域差异,不同地理位置的区域环境各有其不同的整体特性。海洋环境整体性和区域性的这个特点,可以使人类选择一条包括改变、开发、破坏在内的利用自然资源和保护环境的道路。例如,海洋生态环境是海洋生物生存和发展的基本条件,生态环境的任何改变都有可能导致生态系统和生物资源的变化。海洋环境各要素之间的有机联系,使得海洋环境的整体性、完整性和组成要素之间密切相关,任何海域某一要素的变化,都不可能仅局限在产生的具体地点上,都有可能对邻近海域或者其他要素产生直接或间接的影响和作用。这是因为生物依赖于环境,环境影响生物的生存和繁衍。但当外界环境变化量超过生物群落的忍受限度时,就会直接影响生物系统的良性循环,从而造成生态环境的破坏。

二、变动性和稳定性

海洋环境的变动性,是指在自然和人为因素的作用下,环境的内部结构和外在状态始终处于不断变化之中。而稳定性,是指海洋环境系统具有一定的自我调节能力,只要人类活动对环境的影响不超过环境的净化能力,环境可以借助自身的调节能力使这些影响逐渐消失,令其结构和功能得以恢复。

三、容纳性和多样性

因为全球海洋的容积约为 1.37×10^9 km³,相当于地球总水量的 97％以上。海洋作为一个环境系统,其中发生着各种不同类型和不同尺度的海水运动或波动,这些都是海洋污染物运输的重要动力因素,任何排入海洋的污染物通过海洋环境自身的物理、化学和生物的净化作用,能自然地逐渐降低其浓度乃至消失。但海洋的净化作用是有限的,超过海洋生态系统的自净能力必然引起海洋生态系统的退化。

同时,海洋环境又在全球环境中处于十分重要和突出的地位。它不仅是地球上一切生命的发源地,而且还拥有丰富的生物资源,是地球生物多样性最丰富的地区。海洋每年给人类提供食物的能力相当于全球陆地全部耕地的 1 000 倍。如果不破坏生态平衡,海洋每年可提供 3×10^9 t 水产品,至少可以养活 300 亿人口。因此,保护海洋生物的多样性,维持海洋生态的健康与完整,对保护全球生态环境具有举足轻重的意义。

第二节　海洋环境污染及其危害

自然界的水体具有一定的自净能力。但是,当污染物排入量超过水体的自净能力时,水质将逐渐变坏,水体就被污染了。水域环境污染导致生物种群趋向简化或种类更替,生物体内污染物含量上升。污染物对鱼类的生物效应一般是死亡、回避、生长缓慢、产卵减少和繁殖率下降。如氰化物和有机农药,以及大量的有机物排入水体后,大量消耗水中的溶解氧,使鱼类窒息死亡;当鱼类逆流而上到达一定区域产卵时,由于河流被污染导致有的产卵区被破坏,鱼为避开污染区而中途返回;有的鱼因水质污染而迷失方向,到不了产卵场,这样渔场受到破坏,就形不成渔汛。水域环境污染危害渔业生产和人体健康。水域环境污染的主要原因是工矿企业等排放污染物,如石油、重金属、农药、有机物、放射性物质、工业热废水、固体废弃物等。这些污染物如进入水域,会污染水域环境,危害渔业生产。

一、石油污染及其对渔业的危害

石油是海洋污染的主要物质,在港口、海湾、沿岸,在船舶的主要航线附近,以及海底油田周围,经常可以看到漂浮的油块和油膜。我国近海石油污染严重,几个海域各种油污入海量每年高达 144 000 t,其中渤海油污染约占 44％,每年超过 64 000 t。石油污染范围广,对水生生物、水域环境和人体健康都有不良影响。

石油污染的主要来源有:沿岸工矿企业的废水排放,港口、油库设施的泄漏,船舶在航行中漏油,海难事故,海底石油开采及油井喷油,以及拆船工业的油扩散等。据统计,全世界每年由沿海工矿企业排入海洋的石油约有 500×10^4 t,由海底石油及油井事故流入海洋的石油有 100×10^4 t,由船舶压舱水和洗舱水排入海洋的石油有 80×10^4 t,由船舶事故排出的石油有 50×10^4 t。入海的石油,由于比水轻,便漂浮在水面上,扩展成油膜。油膜在扩散和漂流过程中,轻组分迅速挥发,重组分沉降或黏附在悬浮固体颗粒上而后沉到海底。当海底干泥中含油达 2 mg/g 时,底质便会发臭。

石油污染对渔业危害最大,因为漂浮在海面上的油膜隔断了大气与海洋气体的交换,减弱了太阳的辐射量,影响植物光合作用,降低了水域的海洋初级生产力。石油中低沸点的饱和烃对低等海洋生物具有毒性,特别对其幼体危害更大;而高沸点饱和烃过量会干扰海洋生物的营养状况,影响其生长,毒性大的燃料油能大量毒死鱼类。油膜的生物分解及自身的氧化作用,消耗大量的溶解氧,使海洋中有些生物由于缺氧而死亡。油膜黏附在鱼鳃与海兽的呼吸器官上,导致其呼吸困难而死亡。油膜和油块黏着鱼卵,孵化出来的幼鱼大部分畸形,而且大多数只能成活一两天。海洋棘皮动物经油污染后短时间内大量死亡。当海水中含有 1‰浮油时,海胆的管足不能活动,只能存活 1 h,蛤、鲍鱼、牡蛎也将窒息死亡。小型藻类最易受石油污染而大量死亡,其中燃料油对海藻幼苗毒性最大。石油污染对潮间带生物也有严重威胁,油污能毒死海洋岩石表面的固着生物。海鸟的羽毛经油污染后,其体重增加,羽毛失去隔热性能、御寒能力降低,最后也将死亡。被污染了一定程度的鱼、贝有一股臭味,不能食用。同时,油污染发生后要经过 5~7 年海洋生物才能恢复生长。而且海上事故造成的石油泄漏往往具有突发性,损失特别大。

例如,2010 年 4 月 21 日,美国墨西哥湾发生重大漏油事件,这成为美国历史上(至事故发生时为止)最严重的一次石油泄漏事故,引起世人高度关注。美国凭借其完善的法律制度对英国石油公司展开了刑事和民事司法调查,最终使其赔偿超过 400 亿美元,英国石油公司付出巨大代价。

又如,2011 年 6 月美国康菲公司与中海油合作开发的蓬莱 19-3 油田发生溢油事故,在超过半年的时间内,渤海被污染的海域从最初的 16 km² 蔓延到超过 6 200 km²。受此影响,渤海或许再也找不回昔日深邃的清澈。2011 年 12 月,康菲公司遭到百名养殖户的起诉。2012 年 4 月下旬,康菲和中海油总计支付 16.83 亿元用于赔偿溢油事故。其中,康菲公司出资 10.9 亿元,赔偿本次溢油事故对海洋生态造成的损失;中国海油和康菲公司分别出资 4.8 亿元和 1.13 亿元,承担保护渤海环境的社会责任。[①]

二、重金属污染及其对渔业的危害

重金属是指比重大于 5 的金属。污染水体的重金属主要有汞、铜、锌、镉、铬、镍、锰、钒等，其中汞的毒性最大，镉次之，铬等也有相当的毒性。砷和硒虽然属非金属，但其毒性及某些性质类似于重金属，所以在环境化学中都把它归于重金属范围。重金属污染物主要来源于纺织、电镀、化工、化肥、农药、采矿等工业生产中排出的重金属废水。重金属在水体中一般不被微生物分解，只能发生生态之间的相互转化、分散和富集。重金属在水中一般呈化合物形式，也可以离子状态存在，但重金属的化合物在水体中溶解度很小，往往沉于水底。由于重金属离子带正电，因此在水中很容易被带负电的胶体颗粒所吸附。吸附重金属的胶体随河水向下游移动，但多数很快沉降。这些原因大大限制了重金属在水中的扩散，使重金属主要集中于排水口下游一定范围内的底泥中。沉积于底泥中的重金属是个长期的次生污染源，而且难治理。每年汛期，河川流量加大和对河床冲刷增加时，底泥中的重金属随泥一起流入径流。

重金属排入海洋的情况和数量各不相同。如，汞主要来自工业废水和汞制剂农药的流失，以及含汞废气的沉降。汞每年排入海洋约 1×10^4 t。铅在太平洋沿岸表层水中的浓度与 40 年前相比增加了 10 倍，每年排入海洋的铅约为 1×10^4 t。镉对海洋的污染范围近年来日益增大，特别在河口及海湾更为严重。铜的污染是通过煤的燃烧而排入海洋。全世界每年通过河流排入海洋的锌高达 393×10^4 t。砷的污染目前在海洋虽然范围较小，但其污染区附近的污染程度十分严重，这是由于海洋生物一般对砷具有较强的富集力，因此其对人类的危害也较大。铬的毒性与砷相似，海洋中的铬主要来自工业污染，在制铬工业中，如果日处理 10 t 原料，则每年排入海洋的铬约有 73～91 t。

重金属主要通过食物进入人体，不易排泄，能在人体的一定部位积累，使人慢慢中毒，极难治疗。如，甲基汞极易在脑中积累，其次是肝肾。无机汞极易在肾中积累。镉主要积累在肾脏和骨骼中，从而导致贫血、代谢不正常、高血压等慢性病。镉若与氰、铬等同时存在，毒性更大。此外，铅能引起贫血、肾炎，破坏神经系统和影响骨骼等。

鱼类重金属中毒，一般表现为不安，呼吸频率增大，分泌的黏液大量增加，并做深呼吸状态，对外界刺激反应减弱，随后做冲激运动、侧卧，呼吸减少，死时痉

---

① 殷建平,任隽妮.从康菲漏油事件透视我国的海洋环境保护问题[J].理论导刊,2012(4):91-95.

挛。中毒鱼的死亡是因鱼鳃被直接破坏,皮肤和鳃上形成很厚的黏液层阻碍呼吸从而导致窒息。

重金属污染对渔业的危害程度,主要取决于该元素的化学性质和水生生物的种类。水生生物一般都有富集重金属的能力,特别是鱼、贝类富集力更强。重金属污染水域后,破坏了渔业环境的生态平衡,即非生物环境条件改变导致生物环境条件变化,从而影响渔业生产。例如,渔场受污染后,浮游动植物被毒死,饵料生物减少,环境中的食物链结构被破坏,从而影响鱼、虾的索饵、产卵、越冬洄游,使渔场逐渐荒废。水中重金属含量超过一定范围时,不仅直接毒害水生生物,而且还会通过食物链的传递和富集,使水生生物体内的重金属增加几倍至几十倍。在重金属污染的水域中,首先受害的是浮游植物、固着生物、底栖生物以及浮游动物。鱼类在被污染的水域中,由于缺氧,加上鳃盖受损,皮肤、鳃盖附着黏液,会呼吸困难,进而窒息死亡;当鱼类洄游到被污染的渔场时,由于缺少饵料生物而改变洄游路线,造成渔场荒废。对鱼类来说,高浓度的重金属直接破坏表皮细胞和鳃盖组织,低浓度的重金属则能渗透到鱼类组织内部,影响其肝、肾、脾和脑等。

三、农药污染及其对渔业的危害

对环境造成污染的农药,主要包括含有汞、铜、铅等重金属的农药和含有有机磷、有机氯的农药。含有重金属的农药所产生的危害与重金属污染的危害相同。有机磷农药的毒性较烈,能在局部水域造成危害,但它较易分解,毒性作用持续时间不长。有机氯农药对海洋渔业造成危害的主要是其中含有的有机氯化合物,其结构比较稳定,不易分解,因此其毒性作用持续时间较长。有机氯污染的水域以滴滴涕和多氯联苯的农药为主。据统计,全世界滴滴涕的产量约达 300×10^4 t,其中有 100×10^4 t 污染海洋环境。难分解的农药已成为全球性的污染物,其参与大气和水的循环以及生态系统,危害遗传基因,存在着致畸、致瘤的潜在危险。氯化碳氢化合物随鱼、虾、贝等食物进入人体,便会富集于肾腺、甲状腺、肝以及脂肪中,危害人体健康。

农药污染对渔业的危害极大,其中有机磷农药能使鱼体脊髓骨弯曲而畸形,它对鱼类的主要生理作用是抑制鱼体内胆碱酯酶的活力,造成中枢和外周神经系统以及神经肌肉和关节功能的失调,致使鱼体畸形,从而影响鱼类生存。但有机磷农药污染时间不长,鱼体神经系统尚未残废时,若在正常的水域饲养一段时间,即可消除它对鱼体的毒性。而有机氯农药对海洋生物的危害,主要是抑制海洋植物的光合作用,如滴滴涕农药的浓度为十亿分之几时,某些浮游植物的光合作用即受影响。当有机氯进入鱼体后,便大量贮存于脂肪、肝脏和卵巢中,影响其生存。水体被有机氯污染后,往往会使鱼类改变洄游路线,同时产卵量减少。

四、有机物污染及其对渔业的危害

污染渔业水域的有机物有两类:一类是具有毒性的有机物,如人工合成的有机磷、有机氯等,还有其他化工产品、天然石油、天然气等,这类有机物能在水生生物体内积累并对其产生直接的毒害作用。另一类是营养性有机物,主要来源于生活污水、养殖排污、工农业废水等,它们分解后成为营养盐。营养盐是水生生物生长繁殖所必需的,但数量过多就会造成污染,称为"富营养化"或"过度肥沃"。在水体交换不良的地方,一旦出现富营养化,即使切断外界营养盐的来源,水体还是难以恢复。

有机物污染主要来自食品、化肥、造纸、化纤、农贸市场以及城市的生活用水。海洋中有机物污染除了小部分由航行船只排入的生活污水之外,绝大部分经海岸进入海洋,或由江河径流带入海洋。因此它的污染源都在沿岸。例如黄渤海沿岸有食品厂、酒厂、屠宰厂、粮食加工厂等110家,每年排出含富营养有机物的废水多达 400×10^4 t。沿岸城镇人口集中,每年排出的生活污水有 36×10^4 t,仅上海市每日排入东海的生活污水就有 45×10^4 t以上。此外,农业上使用的粪肥和化学肥料很容易被雨水冲刷流失,最终也归入海洋,如北方沿海各县化肥使用量高达 70×10^4 t,若以 $20\% \sim 40\%$ 排入海洋中计算,也有 $10 \times 10^4 \sim 30 \times 10^4$ t。这些污水中有机物含量很高,给水域带来大量氮、磷等营养盐,当营养盐过量时,水域富营养化或产生缺氧,将危害渔业。

有机物污染对渔业的危害是多方面的,如影响水生动植物生存、助长病毒繁殖、影响渔业环境以及产生赤潮等。有机物大量流入水域,使水域产生不同程度的缺氧现象,造成大量海洋生物窒息死亡,或严重影响鱼类生长、发育和繁殖,影响水生经济动植物生存。有机物中大量营养盐进入水域,细菌和病毒大量繁殖,病毒进入鱼体内直接影响其生长,有的通过食物链进入人体,影响健康。有机物污水中的纤维悬浮物能与海水中带阳电荷离子产生化学凝结,形成絮状沉淀。同时污水中大量的碳水化合物等由于细菌作用,最终形成硫化氢、甲烷和氨等有毒气体,从而影响渔业水域环境。有机物中含有的铁、锰等微量元素以及一些维生素如维生素 B_1、维生素 B_{12}、酵母、蛋白质的消化分解等都是赤潮生物大量繁殖的刺激因素。当赤潮形成,它将造成各方面的危害。如,赤潮生物大量繁殖后覆盖了大片海面,妨碍水面氧气交换,致使水体缺氧;赤潮生物死亡后,极易为微生物分解,从而消耗水中大量溶解氧,使海水缺氧甚至处于无氧状态,导致海洋生物死亡;赤潮生物体内含有毒素,经微生物分解或排出体外,毒素对肌体、呼吸、神经中枢产生不良影响,能毒死鱼、虾、贝类;赤潮可破坏渔场结构,使其形不成渔汛等。

五、放射性污染及其对渔业的危害

水体中的放射性物质,分为天然放射性物质和人工放射性物质,前者存在于自然界,后者是人类活动中生成的。放射性污染物种类繁多,其中较危险的有锶-90和铯-137等,它们主要来源于:核试验的人工放射性同位素及其大气沉降,稀土元素,稀有金属铀、钍矿的开采、洗选、冶炼提纯过程的废物,原子能反应堆、核电站、核动力潜艇运转时排放或漏泄的废物,核潜艇失事,载有核弹头的飞机坠毁,原子能工业排放出的废弃物等。

放射性物质进入水域之前,先是停留在海面,后经生活于水体中的各种生物富集,再经海流等各种因素的作用、胶体和悬浮物的聚沉,将逐渐向水域下层移动;同时随着表层生物的死亡、分解和下沉,其吸收的放射性物质也被带到海底;这样造成海洋底质的放射性污染,给渔业带来种种危害。

放射性污染对渔业的危害,主要是对鱼类的生长、繁殖产生不良影响,以及降低鱼类的食用价值。放射性污染对海洋生物的影响,是通过其体表的吸附和鳃盖的吸收,以及其摄食被污染的饵料,再通过食物链而富集于海水中或底质里。放射性物质对鱼卵和稚鱼的发育、生长产生明显的不良影响,如:胚胎发育较慢、死亡率上升;稚鱼生长减缓,死亡率增加;胚胎孵化出来的稚鱼畸形;鱼类寿命缩短,产卵量下降,破坏成鱼的生殖系统,影响鱼类的生长和繁殖等。人类如果大量食用被严重污染的水产品,将直接影响健康。因为锶-90和铯-137等放射性物质的半衰期较长,经食物链进入人体后能在一定部位积累,增加对人体的放射,损伤遗传物质,引起基因突变和染色体畸变,同时使造血器官、心脏、血管系统、内分泌系统、神经系统等受到损伤。

六、酸碱污染及其对渔业的危害

水体酸污染主要是由冶炼、金属加工酸洗、人造纤维、硫酸、农药等工业生产排出的废酸水和矿业排放的废水造成。此外,酸雨也是当前水体酸污染的一个来源。水体碱污染主要是由造纸、化学纤维、印染、制革、炼油等工业生产排出的废水造成。水体遭受酸碱污染后,当pH小于6.5或大于8.5时,水中微生物的生长会受到抑制,致使水体对需氧有机物的净化能力降低。水体长期遭到酸碱污染,会对水生生态系统产生不良影响,水生生物的种群结构会发生变化,某些生物种类减少,甚至绝迹。

酸的腐蚀性很强,可以腐蚀鱼鳃,降低它们吸收氧的能力;还会腐蚀鱼类的内脏,使血液滞流,排泄器官失去作用。当水体的 pH 小于 5(呈酸性)时,鱼类就难以生存;而当 pH 大于 9(呈碱性)时,也会对水生生物产生明显影响,若是碱性污染物进入鱼类消化系统,就会引起消化道黏膜糜烂、出血甚至穿孔,造成严重危害。

七、热污染及其对渔业的危害

水域热污染是指工业废水对水域的有害影响,如果常年有高于海区水域 4℃以上的热废水排入,即产生热污染。水域热污染来源于电力工业的废水,其次是冶金、石油、造纸和机械工业排放的热废水。一座核电站每秒排放 30 t 热废水,可使周围水域温度升高 3~8℃,一座 $10×10^4$ kW 的火力发电站,每秒排出 7 t 热废水,能提高周围水温 3℃。在热污染的水域中绿藻、红藻、褐藻可能消失,然而蓝藻却大量繁殖。

热污染对渔业的危害主要表现在:能导致水域缺氧,影响水生生物正常生存,增大有害物质的毒性以及改变渔场底质环境等。因为热水本身就是缺氧的水体,大量热废水排入,必然使局部水域溶解氧含量降低。热污染还能干扰水生生物的生长和繁殖,尤其是对一些低温种类的水生生物影响更大,因为水生生物只能在特定的温度范围内生存,如果水温超过其范围,则它将难以生存。此外,由于热污染促进了生物初期的生长速度,使它们过早成熟,以致完全不能繁殖,从而造成生物个体数量减少。然而,热污染对那些适应高温的水生生物的繁殖有利,水温升高使它们成为种间竞争的优胜者,从而改变了该水域原有的生态平衡。对于逆流产卵的鱼类,热污染将是该鱼类生殖期的障碍,鱼类无法到达产卵场。因水温升高会诱使某些鱼类在错误的时间产卵或做"季节性"迁移,从而影响它们的正常繁殖。热污染对于某些有毒的水体来说,当水温升高 10℃时,水生生物的存活率将减少一半,或其存活时间缩短。水温升高能使水域中的悬浮物易于分解,泥沙易于沉淀,不利于泥沙搬运,长期排放热污水,可使局部水域淤塞变浅,使渔场环境产生变化,影响渔业生产。当然,热污染如果处理得好,也能化害为利,如冬季热废水可使水域不结冻,可做非洲鲫鱼的越冬场。

八、固体废弃物污染及其对渔业的危害

人类活动会产生多种固体废弃物,如工业生产和矿山开采,城市的生活垃圾,农作物的秸秆,家畜的粪便,以及船舶有意投弃的固体废弃物,如碎木片、空瓶、旧鞋、废旧轮胎、废矿渣、破旧汽车等。对固体废弃物的处理,除了利用废弃矿区或挖深坑埋藏之外,还有向海洋倾废。海洋倾废的目的是利用海洋的环境容量和自

净能力,将固体废弃物倒入指定的海洋倾倒区。

固体废弃物对渔业的危害,主要是指固体废弃物可减弱水体的光照,妨碍水体中绿色植物的光合作用,影响水域表面与大气中氧气的交换。漂浮的固体废弃物中的微粒,会伤害鱼类的呼吸器官,甚至会导致鱼类死亡。固体废弃物中有机微粒的氧化分解,将造成水域严重缺氧,导致鱼类窒息死亡。大量的固体废弃物倾入水中,将会改变或破坏原有水域的生态平衡,或覆盖海底,迫使鱼、虾、贝等底栖生物离开渔场,使传统渔场受到破坏,甚至荒废。特别是我国沿海都是浅海水域渔场,岛屿众多,海峡狭窄而封闭,不论是海水的交换能力还是自净能力,都是比较薄弱的,因此更应该注意固体废弃物对渔业的危害。

第三节　我国海洋环境现状

我国海域辽阔,海岸线曲折漫长,具有丰富的海洋渔业资源。但由于近几十年来我国工农业迅速发展,污水处理不当,致使渔业水域生态环境遭受不同程度的污染和破坏,给渔业生产带来严重威胁。《1999—2000 年中国渔业生态环境状况公报》指出:"由于陆源污染物排放,我国海域部分近岸、河口及内湾鱼虾类产卵场、索饵场受到无机氮和活性磷酸盐污染,水体呈一定程度的富营养化,赤潮频繁发生。加之其他污染,使一些渔业水域的渔业功能有所削弱,渔业资源和水产养殖受到很大损害。"从 2005 年以来的《中国渔业生态环境状况公报》来看,近些年我国渔业生态环境状况总体保持良好,但局部渔业水域污染仍然比较严重,主要污染物为氮、磷、石油类和铜。

我国海洋环境的总体状况为:近岸中度和严重污染海域范围增加;近海大部分区域水质良好,但局部海域污染程度加重;远海海域水质保持良好状态。2004年,我国全海域未达到清洁海域水质标准的面积由 2003 年的约 14.2 万 km² 增加到约 16.9 万 km²。其中,较清洁海域面积约为 6.6 万 km²,减少约 1.4 万 km²;轻度污染海域面积约为 4.0 万 km²,增加约 1.8 万 km²;中度污染海域面积约为 3.1 万 km²,增加约 1.6 万 km²;严重污染海域面积约为 3.2 万 km²,增加约 0.7 万 km²。检测显示:海水中的主要污染物是无机氮和活性磷酸盐。严重污染海域主要分布在渤海湾、长江口、江苏近岸、杭州湾、珠江口和部分大中城市近岸局部水域。

2007 年,国家海洋局在大连海域、青岛海域、长江口、珠江口和渤海东部五个重点海域开展海洋大气环境质量监测。结果表明,全国重点海域大气气溶胶中总悬浮颗粒物、镉的含量及其沉降通量保持稳定,铜、铅的含量及沉降通量呈上升趋势。如大连海域大气气溶胶中总悬浮颗粒物、铜、铅的含量及其沉降通量基本保持不变,镉的含量呈下降趋势;青岛海域大气气溶胶中总悬浮颗粒物含量及其沉降通量基本保持不变,铜的含量及其沉降通量呈上升趋势,铅的沉降通量呈上升趋势,镉的沉降通量呈下降趋势;长江口海域大气气溶胶中总悬浮颗粒物含量及其沉降通量基本保持不变,铜、铅、镉的含量及其沉降通量均呈上升趋势;珠江口海域大气气溶胶中总悬浮颗粒物含量及其沉降通量基本保持不变,铜的含量及其沉降通量呈上升趋势,铅的含量呈上升趋势,镉的含量及其沉降通量呈显著下降趋势。

我国海洋渔业水域环境辽阔,濒临海域总面积可达 470×10^4 km²,海岸线总长超过 18 000 km,有 6 500 多个岛屿,水域跨越温带、亚热带和热带,并有著名的长江、黄河、珠江等江河注入,水质肥沃,是各种海洋动植物栖息、生长、繁殖的良好场所。我国海水养殖面积广阔,渔业资源种类繁多,有 1 500 多种鱼类。其中经济鱼类有几十种,如带鱼、小黄鱼、大黄鱼、白姑鱼、鲨鱼、海鳗、鲭鱼、马面鲀以及鲐鲹等,数量多,分布广。此外,还有虾、蟹、贝、藻等种类繁多的水产动植物。但由于近岸海域污染严重,近海经济水生生物产卵场、索饵育肥场的水域遭到破坏,水域生产能力下降。

根据 2005 年以来的《中国海洋环境质量状况公报》,我国近岸海域污染形势依然严峻。严重污染海域主要分布在辽东湾、渤海湾、黄河口、莱州湾、长江口、杭州湾、珠江口和部分大中城市近岸局部水域。污染造成我国近海主要经济水生生物产卵场和索饵育肥场环境遭到破坏,饵料生物减少,水生生物繁殖力和幼体存活率降低,生物资源得不到有效补充,致使水域生产力急剧下降。目前渤海水域生产力水平不足 20 世纪 80 年代的 1/5。污染严重影响了渔业生产,造成直接经济损失约 31.7 亿元。

一、水体污染性的海洋渔业水域环境的破坏现状

我国沿海九省二市,城镇密度大,人口集中,工矿企业有 4 万多个,每年直接排入近海的生活污水和工业废水多达 66.5×10^8 t。其中化学污水排放量最大,约占总排放量的 40%,随着这些污水排入近海的有毒有害物质有石油、汞、镉、铅、砷、铬、氰化物等。全国沿海各县每年施放农药约 20×10^4 t,若以 1/4 入海计算,一年就有 5×10^4 t。这些污染物危害范围很大。东海的污染情况尤其严重,东海沿岸的化工、造纸、医药、冶金、采矿、电镀、电气仪表等企业日排放污水量超过 300 t 的有 196 个。因此造成渔场外移,近海"赤潮"时有发生。值得注意的是,由于沿海石油勘探、拆船业兴起,以及各类船舶航行等各方面的排油,石油污染已

成为我国海区污染的一个突出问题。有关部门监测结果表明,近海水域海水中溶解分散的石油残留物平均浓度已超过我国渔业水质标准。在各海区中东海沿岸油污染程度最高,渤海油污染范围最广。海洋污染使部分鱼类死亡,生物种类减少,水产品体内残留物增加,渔场外移,滩涂荒废,以渤海、黄海胶州湾为例,20世纪70年代之前在其海港潮间带的海洋生物有171种,经过10年时间就降到30种,目前只剩下不到10种。据有关部门统计,由于上述种种原因,我国每年海洋生物死亡事件达上千起,经济损失达几亿元。

由于我国近岸海洋无机氮和活性磷酸盐平均浓度一直严重超标,海洋污染已从近岸内湾河口向外海扩散,因此赤潮已经成为频发性的自然灾害。由于城市工业废水和生活污水大量排入海中,使营养物质在水体中富集,造成海域富营养化,此时,水域中氮、磷等营养盐类,铁、锰等微量元素以及有机化合物的含量大大增加,促进赤潮生物的大量繁殖。赤潮检测的结果表明,赤潮发生海域的水体均已遭到严重污染,富营养化,氮磷等营养盐物质大大超标。

例如,1995~2014年的20年间,我国近岸海域共记载赤潮事件约1 160次,累计发生面积约214 700 km²。其中,造成较大经济损失的灾害性赤潮有70余次,直接经济损失约36亿元。1998年、2000年、2010年和2012年,每因赤潮灾害而造成的直接经济损失均超过2.06亿元,其中,2012年米氏凯伦藻在我国东南沿海一带引发的赤潮对水产养殖业带来了毁灭性的打击,直接经济损失超过20亿元。[1]

另外,水产养殖生产过程中所产生的污染也是不可忽视的。不规范的养殖生产操作使残饵、养殖排泄物、生物尸体、渔用饲料和药物在封闭或半封闭的养殖水域中形成污染,主要表现在养殖水体营养盐含量升高,下层水体缺氧,沉积物中硫化物、有机质、还原物质含量上升,有害微生物,影响生物繁衍,各类病害频繁发生,最终导致养殖产量下降甚至绝产。

二、非水体污染性的海洋渔业生态环境破坏现状

海洋非水体污染性的渔业生态环境破坏主要是在河口、海湾或沿岸线浅水区。由于不适当的拦河筑坝、围海造田、修建海岸工程等,生态环境变化,加剧了渔业资源的衰退。

沿海湿地、红树林和珊瑚礁是最富生物多样性的海洋生态系统,它们具有防

---

[1] 郭皓,丁德文,林凤翱,等.近20a我国近海赤潮特点与发生规律[J].海洋科学进展,2015,33(4):547-558.

止水土流失、净化海水和预防病毒的作用。但是,由于缺乏严格的法规规范和宏观调控,在发展沿海经济和大规模的海洋开发活动中,各行业和各类工程建设对海洋生态环境的影响日益加重。尤其是不合理的围涂造地、河口造田、炸岛采石、海底挖砂、海洋倾废排污及违法捕捞等活动,改变了海域的自然地形地貌、底质分布和潮(水)流条件,导致港口海湾淤积、航道萎缩、海岸被侵蚀,亿万年来自然形成的优越的水产动物产卵场、育肥场和越冬场等逐渐消失,近岸海域生物种类不断减少,海洋和渔业资源日趋衰退。海洋生态环境已遭到了不可逆转的损害。

我国曾分别在 20 世纪 50 年代和 80 年代掀起了围海造田和发展养虾业这两次大规模的围海热潮,使沿海自然滩涂湿地总面积约缩减了一半。数十年的挖珊瑚礁烧石灰,导致我国珊瑚礁生态群落整体呈现迅速衰退的现象,珊瑚礁受损面积超过 80%,某些地区珊瑚礁资源濒临绝迹。湿地、红树林和珊瑚礁的衰退和破坏不仅使得鱼、虾、蟹、贝类的生息、繁衍场所消失,甚至使许多珍稀濒危野生动植物绝迹。[①]

滩涂开发利用、围海造地等活动吞噬了大片湿地,减弱了海流流速,加速了淤积,改变了底质成分,影响了滤食性贝类的养殖,导致海区自然环境出现退化,海洋生物多样性受到严重损害。辽宁省庄河市蛤蜊岛附近海域的生物资源原本十分丰富,但连岛大堤的修建彻底破坏了海岛生态系统,由此引发的淤积造成当地生物资源严重退化,原先的"中华蚬库"不复存在;胶州湾则因围填海导致 75 年内海域面积缩小了 35%,有的地方已出现海域"荒漠化"势头。[②]

深圳围填海工程给海洋环境带来的负面影响:(1)西部海岸地区滩槽演变剧烈,不稳定性加强,给今后西部港区运作环境带来威胁;(2)纳潮量迅速减少,经过 20 年的围垦,西部伶仃洋海岸地区纳潮量减少 20%~30%,深圳湾纳潮量减少 15.6%,纳潮量的锐减使得潮流流速降低,流向发生变化,更加不利于污染物的稀释与扩散;(3)海岸生态承载力下降,使得生物多样性降低,物种数量大幅减少。[③]广东省珠江口万顷沙附近的咸淡水交汇处,饵料丰富,是鲥鱼等经济鱼类生长、栖息的水域,多年来的围垦使幼鱼失去大片生长、育肥的场所。又如,广东大亚湾是水产资源自然保护区,湾内金门塘马氏珍珠贝苗尤为丰富,但在 1990 年为建设万吨级码头而开山填海,这片珍贵的贝苗天然保护区被填为平地。同时,

① 王森,段志霞.中国海洋渔业生态环境现状及保护对策[J].河北渔业,2007(9):1-5.
② 张金城,汪峻峰.我国海洋生态环境安全保护存在问题与对策研究[C].西安:第十一届国家安全地球物理专题研讨会,2015.
③ 郭伟,朱大奎.深圳围海造地对海洋环境影响的分析[J].南京大学学报(自然科学版),2005,41(3):286-296.

在许多岛屿上因开发各种资源而做出的过多捕鸟、过多采石、倾倒工业废物以及砍伐破坏红树林等行为,也使岛屿生态环境恶化,附近渔业水域环境变坏。例如红树林的破坏给渔业带来损害。由于红树林自然掉落物较多,分解形成的有机物碎屑是浮游生物、底栖生物的优良饵料,而这些生物又是鱼、虾、蟹的食物,同时红树林又是鱼、虾、蟹躲避敌害的优良场所,砍掉了红树林必然给渔业资源繁殖带来危害。另外,南海珊瑚礁作为生产石灰的原料而遭到开采,结果海岸直接受到海湾冲刷而被破坏,沿岸土壤盐碱化,珊瑚礁鱼类由于失去生态环境和食物供应地,种群消退,从而导致生态环境变化,鱼类栖息的场所被破坏,加剧了渔业资源的衰退。

第四节 海洋环境管理相关问题

海洋是支持人类可持续发展的一个重要空间。人类对海洋的开发与保护主要涉及海洋权益、海洋资源与海洋环境三个方面,其中对海洋环境的切实保护是实现人类生命支持系统健康与完整的先决条件与必要保证。因此,世界各沿海国历来都非常重视海洋环境管理工作,试图通过有效的管理活动来达到保护海洋环境的目的。由于海洋实践活动频繁多样,海洋环境由此也变得极其复杂。为此,加强海洋环境管理,切实有效地保护海洋环境是我们面临的一项重要任务。

海洋环境管理是海洋行政管理的重要组成部分。环境管理的成效如何,关乎人类的生存与发展。因此,厘清海洋环境管理是什么,以及在管理中应遵循何种原则,是进行海洋环境管理的认识基础。

一、海洋环境管理的内涵

(一)海洋环境

环境总是相对于某一中心事物而言的,并随着中心事物的变化而变化。在《中华人民共和国环境保护法》第二条中,环境的定义是:"本法所称环境,是指影响人类生存和发展的各种天然的和经过人类改造的自然因素的总体,包括大气、水、海洋、土壤、矿藏、森林、草原、野生动物、自然遗址、自然保护区、风景名胜区、城市和乡村等。"环境概念的内涵强调以人为主体,还包括相对于主体周围存在的一切自然的、社会的事物及其变化与表征的整体。

与之相应,海洋环境的构成至少包括两个方面:一是围绕海洋的自然个体要素,即物理、化学、生物要素,海底地理、地貌等构成海洋空间的环境要素;二是人类与海洋相互作用的非自然因素,如海洋污染、海洋灾害等。因此,海洋环境即指围绕海洋的所有空间构成的自然要素和人类与这些空间要素间产生的一系列非自然要素的综合体。应该注意的是,非自然要素的海洋环境还包括由人类相互作用的关系形成的社会要素,因此,不能忽视海洋环境与人类的社会性相互作用而引发的一系列结果,在强调管理和保护海洋环境的一系列方法和措施时,需要充分考虑海洋环境的社会属性和特征。

(二) 海洋环境管理

目前对于海洋环境管理的概念有不同的阐述。主要包括以下几种:

倪轩、李鸣峰认为,海洋环境管理为在全面调查研究海洋环境的基础上,根据海洋生态平衡的要求制定法律规章,自觉地利用科学的手段来调整海洋开发与环境保护之间的关系,以此来保护沿岸经济发展的有利条件,防止产生不利条件,达到合理地充分利用海洋的目的,同时还要不断地改善海洋环境条件,提高环境质量,创造新的、更加舒适美好的海洋环境。[①]

管华诗、王曙光认为海洋环境管理是以海洋环境自然平衡和可持续利用为基本宗旨,运用法律制度、经济政策与行政管理以及国际合作等手段,维护和实现海洋环境的良好状况,防止、减轻和控制海洋环境的破坏、损害或退化的管理活动的过程。[②]

鹿守本先生认为海洋环境管理是以海洋环境自然平衡和持续利用为目的,运用行政、法律、经济、科学技术和国际合作等手段,维持海洋环境的良好状况,防止、减轻和控制海洋环境破坏、损害或退化的行政行为。[③]

综合以上学者的定义,我们认为,海洋环境管理是政府行使海洋行政管辖权的一种行政行为,是政府为协调社会发展与海洋环境的关系、保持海洋环境的自然平衡和持续利用,综合运用行政、法律、经济、科学技术和国际合作等各种有效手段,依法对影响海洋环境的各种行为进行的调节和控制活动。这一定义包含以下内容:

第一,海洋环境管理是由政府行使的行政行为。海洋环境管理的主体是国家海洋局以及地方各级人民政府中的环境行政管理部门。此外,海洋环境管理主体还包括:地方各级人民政府中对某方面的海洋污染防治负有管理职责的其他行政部门,以及地方各级人民政府中对海洋自然资源的保护负有管理职责的职能部门。它们对海洋环境保护实施统一的监督和管理,行使必要的管辖权,如责令企

---

① 倪轩,李鸣峰.海洋环境保护法知识[M].北京:中国经济出版社,1987.
② 管华诗,王曙光.海洋管理概论[M].青岛:中国海洋大学出版社,2003.
③ 鹿守本.海洋综合管理及其基本任务[J].海洋开发与管理,1998(3):21-24.

业限期治理、采取强制性应急措施等。

第二,海洋环境管理的目的是维持人类自身生存和实现社会可持续发展,实现海洋的可持续利用。具体表现为:维护海洋生态环境的平衡,防止和避免自然环境平衡关系的破坏,为人类对海洋资源和环境空间的持续开发利用提供最大的支持。海洋环境管理的有效实施直接关系到沿海地区社会经济的持续、健康和快速发展。

第三,海洋环境管理的途径和手段主要是法律、行政、经济、科学技术和伦理规范。海洋环境管理通常与海洋环境保护联系在一起。在多数情况下,一般认为海洋环境保护就是海洋环境管理。1992 年,联合国环境与发展会议通过并签署的《21 世纪议程》特别强调了海洋环境保护的以下问题:建立并加强国家协调机制,制定环境政策和规划,制定并实施法律和标准制度,综合运用经济、技术手段以及有效的经常性监督工作等来保证海洋环境的良好状况。

二、海洋环境管理的主要特点

海洋环境管理具有以下主要特点:

(一)整合协调性

海洋是一个相互连通的整体,其环境管理包括水质、底质、生物、大气等多种环境要素,又由于自然和历史的原因,沿海地区是人口、工业、农业、航运、养殖和旅游活动的汇集场所,涉及多方面的活动和管理,因此海洋环境必须采取行政、法律、经济、教育和技术等整合、协同的有效措施,协调解决各类海洋环境问题。

(二)区域性

由于海洋环境的自然背景、人类活动方式及环境质量标准等具有明显的地区差异,所以海洋环境管理的任何重大决策和行动,都必须具体分析不同海域的自然条件和社会条件的区域性特点。

(三)充分利用海洋自适应性

海洋自适应性就是海洋环境对外界冲击的应变能力,主要包括利用海洋资源可更新的能力、海洋空间容量能力和海洋自净能力及其对污染的负荷能力。海洋环境管理的目标必须体现生态环境效益与社会经济效益的统一,因此海洋管理如何充分利用海洋的自适应性来达到海洋空间资源科学合理利用的效果,将关系到海洋环境污染治理的成效问题。

三、海洋环境管理的原则

尽管各个国家对海洋的认识以及相应的海洋政策各不相同,海洋环境的状况和趋势也在不断变化,基于海洋科学技术进步、海洋经济发展的要求,海洋环境管理在实践中应该坚持如下原则。

(一)预防为主、防治结合、综合治理的原则

这一原则是把海洋环境管理的重点放在防患于未然上。通过有效的措施和办法,预防海洋污染和其他损害性事件的进一步发生,防止环境质量的下降和生态的破坏。预防为主、防治结合是环境管理工作的指导思想,是人类利用海洋环境的实践经验总结,也是现实的必然选择。发达国家在过去的几十年里都是以牺牲海洋环境为代价获得一定的发展条件的。历史和现实已经告诉我们,采用这种先污染后治理的模式必将付出更大的代价。令人担忧的是,这种历史性包袱至今仍在加重,其中包括全球海平面的上升、海洋自然景观和沿海沼泽地的消失、海洋生物多样性的减少、海洋污染的日趋恶化等。

海洋环境污染和破坏原因的多样性决定了治理的整体性、全面性和综合性。要想减轻或杜绝海洋环境的持续破坏,遏制海洋环境恶化,首先要切断污染和危害海洋环境的各种直接或间接的污染源。其次,由于海洋环境具有复杂性、一体性的特点,所以,在治理海洋污染时不能只采取单一的措施,而应该综合治理。再次,综合使用治理的技术和方法。在技术上,可以运用工程的方法,修筑堤坝、补充沙源以防止海岸侵蚀;应用生物工程,恢复和改善生态系统,提高海域生物生产力。在管理上,可以使用法律、经济与行政手段相结合的方法控制海洋环境非正常污染事件的发生。

(二)可持续发展原则

可持续发展是人类对环境治理达成的共识。它是在 20 世纪 80 年代随着人们对环境认识的逐步深入形成的。《我们共同的未来》中对可持续发展的定义为:可持续发展是既满足当代人的需求,又不损害子孙后代满足其需求的长久发展。这一概念是从环境与自然资源的角度提出来的关于人类长期发展的战略。它所强调的是环境与自然资源的长期承载力对经济和社会发展的重要性,以及经济社会发展对改善生活质量与生态环境的重要性,主张环境与经济社会的协调、人与自然的协调与和谐。其战略目标主要在于协调人口、资源、环境之间和区域之间、代际的矛盾。可见可持续发展是一个涉及经济、社会、文化、科技、自然环境等多方面的综合概念,以自然资源的可持续利用和良好的生态环境为基础,以经济可

持续发展为前提,以谋求社会的全面进步为目标。

海洋环境的自然属性与特点,使其与陆地环境相比具有更强的一体性特点。从一定意义上讲,海洋的流动性使得全球海洋有了共同的命运;另一方面,海洋中相当多的生物具有迁移和洄游的习性,其中那些高度洄游群种,它们的洄游区域多以洋区为主,海洋生物的这一特性决定了人类对海洋生物资源的影响具有广延性。因此,各个国家直接或间接施加给海洋的影响及其造成的危害,决非局限在一个海区之内,而是往往有着更大范围的区域性,甚至全球性。所以,海洋环境管理就需要贯彻可持续发展的原则。海洋环境问题的解决,应该以可持续发展的"需求"和环境与资源的持久支持动力为目标,根据国家、地区和国际的政治、经济的客观情况,针对海洋环境的不同区域确定具体的对策和采取不同的管理方式,真正达到海洋开发和环境保护的目的。

(三) 谁开发谁保护、谁污染谁治理的原则

谁开发谁保护,是指开发海洋的一切单位与个人既拥有开发海洋资源与环境的权利,也有保护海洋资源与环境的义务和责任。无论是海洋资源的开发,还是海洋环境的保护,都可能对海洋环境产生干扰和破坏,甚至打破生态系统的平衡。因此,在开发利用海洋的同时必须做好对海洋环境的保护工作。我国的《中华人民共和国民法通则》明确规定了所有在中国海域进行海洋资源开发的行为主体都必须做好海洋环境的保护工作。

谁污染谁治理,是我国环境保护实践经验的总结。执行这一原则,能够加强开发利用海洋的单位和个人的行为责任,唤起开发利用者保护海洋环境的意识。作为理性经济人,每个人都希望"搭便车",而不是主动承担责任,只有明确界定产权才能避免"搭便车"行为的出现。海洋环境管理也是如此,只有强制性地将"谁污染,谁治理"这一原则加到当事人身上,才会引起开发者的足够重视,才会给开发者敲响警钟。早在1972年,当时由西方24个国家组成的"经济合作与发展组织",为改善资源分配和防止国际贸易和投资发生偏差,确定了污染者承担费用的范围,应包括防治污染的费用、恢复环境和损害赔偿费用。这被称为"污染负担"原则。这条原则后来在国际上得到认可,并适用于污染和损害赔偿的处理。

(四) 海洋环境资源有偿使用的原则

环境这一类资源,对其开发利用不应该是无偿的,特别是有损害的环境利用,更应该支付使用费用。在我国的环境保护法律、法规中也有这方面的规定。比如,根据《中华人民共和国海洋倾废管理条例》和《中华人民共和国海洋石油勘探开发环境保护管理条例》的规定,"凡在中华人民共和国内海、领海、大陆架和其他

一切管辖海域倾倒各类废弃物的企事业单位和其他经济实体,应向所在海区的海洋主管部门提出申请,办理海洋倾废许可证,并缴纳废弃物倾倒费"。这部分费用就是因使用海洋资源而支付的使用费用。

海洋环境资源的有偿使用,首先是海洋管理有效实施的重要途径,也是海洋环境保护在国际上的惯例。对于推进建立保护海洋的国际秩序,保障各个国家在治理海洋环境问题上达成一致意见,协调统一行动,实现海洋环境保护的跨地域性、全球性具有重要意义。其次,有利于减少对海洋环境的损害,维护海洋生态健康和自然景观。对环境的有偿使用会对部分毫无节制地开发海洋资源、破坏海洋环境的行为形成制约。出于经济利益的考虑,开发者会在权衡海洋资源带来的收益与为此付出的代价之间权衡,尽力减少危害海洋环境的支出,这在一定程度上保护了海洋环境资源。最后,海洋环境资源的有偿使用会积累海洋环境保护的资金。保护海洋环境是为了将来更好地利用。人类利用海洋资源是必然的,也是完全应当的。与此同时,对海洋环境的破坏也是不可避免的,由此而产生的海洋环境治理工作是一项长期而又艰巨的任务。治理需要足够的资金支持,海洋环境有偿使用取得的这部分资金就是用于海洋环境污染治理的。

四、海洋环境管理的目标

从根本上看,对海洋环境进行管理是为了保持海洋生态系统的可持续发展利用,使海洋环境完善持续地发挥其各项功能,满足当代及子孙后代生存发展的各种需要。从长远来看,还需加强海洋环境管理新机制的研究,并依据这种新机制进行管理,保证海洋环境逐步改善,使之走上可持续利用的道路。

海洋环境管理的具体目标主要包括:(1)在保证海洋环境可持续利用的基础上,强化开发力度,提高科技含量,争取海洋经济增加值的最大化,提高资源利用效率。(2)保持海洋生物资源的理性化捕获,使之与海洋生物自生产能力冲突最小化。(3)保护海洋生物的多样性,保持海洋生态链的均衡发展。(4)保护海洋环境最有利地发挥其功能,在规划与发展过程中为旅游和娱乐留下发展空间。(5)保护人类平等享有海洋资源的权益。(6)控制海洋污染。(7)加强海洋环境管理,建立沿海各级政府的目标责任制。

第二章
海洋环境管理的内容

第一节　海上排污管理

　　保护海洋环境、防治海洋环境污染是保障国家海洋事业可持续发展的基本前提。我国《中华人民共和国海洋环境保护法》中涉及的海洋环境污染防治对象主要有陆源污染物、海岸工程、海洋工程、倾倒废弃物、船舶及有关作业活动等五项。随着对海洋资源的不断开发与利用,海洋环境也面临一些新情况、新问题,必须形成一套具有较强针对性,能够保证工作质量、提高工作效率的防污染检查工作方法,保障海洋清洁、保护海洋环境。

一、海上排污及相关规定

　　海上排污,主要是指陆源污染物的岸边排放,产生损害海洋生物资源、危害人体健康、妨碍渔业和其他海上经济活动、损害海水使用质量、破坏环境优美等有害影响,使海洋生态系统平衡遭到破坏。陆源污染是造成海洋污染的主要因素。目前尚不存在专门针对陆源污染的国际海洋环境公约。《联合国海洋法公约》第207 条是防治陆源海洋环境污染的最重要的法律,其中规定:"各国应制定法律法规和规章,以防止、减少和控制陆地来源,包括河流、河口湾、管道和排水口结构对海洋环境的污染,同时考虑到国际上议定的规则、标准和建议的办法及程序。"[①]1985 年联合国环境规划署发布了《关于保护海洋环境免受陆源污染的蒙特利尔准则》。国际社会举办了很多会议并开展了很多行动来解决陆源污染问题,比如1992 年里约会议报告《21 议程》、"保护海洋环境免受陆源污染全球行动计划"、《保护海洋环境免受陆源污染全球行动计划北京宣言》(发布于 2006 年,该宣言受到了联合国大会的高度重视)、《关于持久有机污染物的斯德哥尔摩公约》(共有180 个缔约方)、《保护东北大西洋海洋环境公约》(发布于 1992 年,其强调通过技

---

　　① 　参见《联合国海洋法公约》,北京:海洋出版社 1992 年版,第 105 页.

术实现无废物)。联合国环境规划署也在不断改进环境影响评价的目标、原则和方法。

根据《中华人民共和国防治陆源污染物损害海洋环境管理条例》第二条规定，陆法污染源（简称陆源），是指从陆地向海域排放污染物，造成或者可能造成海洋环境污染损害的场所、设施等。陆源污染物是指由前款陆源排放的污染物。[①] 我国海上排污管理的主体主要是环境保护行政主管部门，根据《中华人民共和国海洋环境保护法》第三十条规定："入海排污口位置的选择，应当根据海洋功能区划、海水动力条件和有关规定，经科学论证后，报设区的市级以上人民政府环境保护行政主管部门审查批准。环境保护行政主管部门在批准设置入海排污口之前，必须征求海洋、海事、渔业行政主管部门和军队环境保护部门的意见。在海洋自然保护区、重要渔业水域、海滨风景名胜区和其他需要特别保护的区域，不得新建排污口。在有条件的地区，应当将排污口深海设置，实行离岸排放。设置陆源污染物深海离岸排放排污口，应当根据海洋功能区划、海水动力条件和海底工程设施的有关情况确定，具体办法由国务院规定。"同时，《中华人民共和国海洋环境保护法》第三十一条至第三十九条对排放陆源污染物的种类、数量和浓度等，以及禁止、限制和控制海上排放的污染物都做了明确的规定。《中华人民共和国海洋环境保护法》第四十一条规定："沿海城市人民政府应当建设和完善城市排水管网，有计划地建设城市污水处理厂或者其他污水集中处理设施，加强城市污水的综合整治。建设污水海洋处置工程，必须符合国家有关规定。"

二、海上排污管理

排污收费制度是中国最早制定并实施的三项环境政策之一，也是中国实施时间最长的环境经济政策之一。20 世纪 70 年代末期，中国环境保护主管部门根据中国的实际情况，并借鉴国外的经验，提出了"谁污染谁治理"的原则。根据这一原则，我国开始实施排污收费制度。这项政策要求一切向环境排放污染物的单位和个体经营者，应当依照政府的规定和标准缴纳一定的费用，以使其污染行为造成的外部费用内部化，促使污染者采取措施控制污染。我国在海上排污管理中同样实行排污收费制度。排污收费是一项重要经济政策，是环境管理的一项经济手段，是一种为改善环境向污染者提供的一种具有灵活选择性以及直接影响污染控制方案费用与效益权衡的手段，能够使污染者以最有利的方式对经济刺激做出灵

---

① 《中华人民共和国防治陆源污染物损害海洋环境管理条例》，1990 年颁布.

活反应,在取得相同环境效果时获取最佳经济效率。[①]

中国的排污收费制度,经历了从最初的超标排污收费到排污收费、超标罚款的发展过程。1978 年 12 月 31 日,中共中央批转了国务院环境保护领导小组的《环境保护工作汇报要点》,第一次正式提出实施排污收费制度。在 1979 年 9 月颁布的《中华人民共和国环境保护法(试行)》中,排污收费制度得以明确规定。这为排污收费制度的建立提供了法律依据。在这段时间内,各地相继开展了排污收费试点工作。1982 年 2 月 5 日,国务院批准并发布了《征收排污费暂行办法》,自当年 7 月 1 日起在全国执行。这标志着排污收费制度在中国正式建立。1988 年 9 月 1 日开始实施的《污染源治理专项基金有偿使用暂行办法》,是排污费由拨款改为贷款的重要改革措施。此后,随着中国经济的不断发展和新的环境问题的出现,又提出和实行一系列关于排污收费使用、管理方面的政策。其中最重要的政策有两项。一是 1992 年 9 月 14 日,国家环境保护局、物价局、财政部和国务院经贸办联合发出了《关于开展征收工业燃煤二氧化硫排污费试点工作的通知》,以控制日益严重的酸雨危害。这标志着排污收费实施范围的一次重要扩展。二是考虑到某些排污单位所排污水的浓度虽然已经达到或低于国家排放标准,但是其排放污染物的总量、占用的环境容量和对环境造成的损害甚至大于一些超标排污单位,为了促进这些排污单位控制污染,1993 年 8 月 15 日,国家计委和财政部联合发出《关于征收污水排污费的通知》,对不超标的污水排放征收排污费。这是在排污收费中首次体现总量控制的思想。

在长期的管理实践中,中国的排污收费制度形成了自己的实施原则:

(1)排污单位缴纳排污费,并不免除其应承担的治理污染、赔偿损害的责任和法律规定的其他责任。

(2)排污单位逾期不缴排污费,每天增收的 1‰滞纳金;拒缴排污费,环境保护部门可以处以罚款,并可申请法院强制执行。

(3)缴纳排污费但仍未达到排放标准的排污单位,从开征的第三年起,每年提高征收标准 5%。

(4)环境保护法公布以后,新建、扩建、改建的工程项目和挖潜、革新、改造的工程项目排放污染物超过标准的,应当加倍收费。

(5)中国目前对污水实行征收排污费和征收超标排污费的双收费制度。

(6)排污费和超标排污费可以从生产成本列支,但滞纳金、提高标准收费、加倍收费和补偿性罚款均不得计入成本。

---

① 杨金田,王金南.中国排污收费制度改革与设计[M].北京:中国环境科学出版社,2000:3.

（7）征收的排污费纳入预算内，按专项基金管理，不参与体制分成。

（8）排污单位采取污染治理措施，财政经费确有不足时，可从排污费中给予不高于其所缴纳排污费 80％的补助；排污费的 20％可用于补助环保部门的自身建设。

（9）从排污费中提取一定比例的资金，设立污染源治理专项资金，采取委托银行贷款的方式有偿使用。

随着我国国民经济的发展、环境状况的变化，过去采用的浓度控制的方式已经不适应环境管理的要求，而要采取总量控制。同样，中国的海上排污收费与国家排污收费制度如出一辙，也经历了从超标排污收费向排污收费转变的过程。海上排污收费依据的法律制度主要有：1982 年国务院发布的《征收排污费暂行办法》、1985 年通过的《中华人民共和国海洋倾废管理条例》、1992 年国家物价局和财政部联合下发的《关于征收海洋废弃物倾倒费和海洋石油勘探开发超标排污费的通知》和 2003 年由国家发展计划委员会、财政部、国家环境保护总局、国家经济贸易委员会共同发布的《排污费征收标准管理办法》，以及 2016 年修订的《中华人民共和国海洋环境保护法》（将第十一条改为第十二条，将第一款修改为："直接向海洋排放污染物的单位和个人，必须按照国家规定缴纳排污费。依照法律规定缴纳环境保护税的，不再缴纳排污费。"）。从 1982 年到 2016 年的 30 余年，排污收费制度几乎没有特别大的变化，然而在这 30 余年间，我国的经济、社会和环境等状况都发生了很大的变化，需要建立排污收费制度与外部环境的联动机制，实施动态排污收费制度。

第二节　海洋倾废管理

人类利用海洋空间资源处置废弃物已有 100 多年历史了，美国、英国、德国、日本等国都是海洋倾废较早的国家。早期的海洋倾废活动开始于欧洲工业革命之后，欧美国家由于工业和海上贸易的发展，开始向海洋倾倒城市垃圾和港口疏浚物质。二次大战以后，由于工业生产的迅速发展和人类活动产生的废弃物剧增，海洋倾废的规模和数量也大大增加。由于保护海洋环境的需要和各国政府的重视，几十个国家于 1972 年在伦敦签署了《防止倾倒废弃物及其他物质污染海洋的公约》（简称"1972 伦敦公约"）。我国政府十分重视海洋倾废工作，在 1982 年 8 月 23 日第五届全国人民代表大会常务委员会第二十四次会议通过并颁布的《中华人民共和国海洋环境保护法》对防止倾倒废弃物对海洋环境的污染损害做了规定，国务院于 1985 年 3 月 6 日颁布了《中华人民共和国海洋倾废管理条例》，经全国人大批准,我国政府于同年 11 月 14 日加入《1972 伦敦公约》,这使我国的海洋倾废进入法制化管理的轨道。十几年来,我国的海洋倾废管理建立了较为完整的法规体系、海洋管理和监察队伍。

一、海洋倾废管理

(一) 海洋倾废

海洋倾废是人类有意识、有目的地利用海洋环境的容量和迁移能力,处置废弃物的一种活动,具体是指利用船舶、航空器、平台或其他载运工具向海洋处置废弃物和其他有害物质的行为,包括弃置船舶、航空器、平台及其辅助设施和其他浮动工作的行为。要掌握海洋倾废的定义,关键是要深刻理解"倾倒"的含义。《中华人民共和国海洋环境保护法》对"倾倒"的定义是指通过船舶、航空器、平台或者其他载运工具,向海洋处置废弃物和其他有害物质的行为,包括弃置船舶、航空器、平台及其辅助设施和其他浮动工具的行为。《中华人民共和国海洋倾废管理条例》第三条及《中华人民共和国海洋倾废管理条例实施办法》第二条还具体列举了几种海洋倾废行为,包括:向中华人民共和国的内海、领海、大陆架和其他管辖海域倾倒废弃物和其他物质;为倾倒目的,在中华人民共和国陆地或其他管辖海域装载废弃物和其他物质;为倾倒目的,经中华人民共和国的内海、领海及其他管辖海域运送废弃物和其他物质;在中华人民共和国管辖海域焚烧处置废弃物和其他物质;向海上弃置船舶、平台、航空器及其运载工具。《中华人民共和国海洋环境保护法》第五十五条规定:"需要倾倒废弃物的单位,必须向国家海洋行政主管部门提出书面申请,经国家海洋行政主管部门审查批准,发给许可证后,方可倾倒。"

(二) 海洋倾废管理依据的法律法规

2000 年 4 月 1 日起施行的《中华人民共和国海洋环境保护法》,明确要求国家海洋行政主管部门制定海洋倾倒废弃物评价程序和标准,拟定可以向海洋倾倒的废弃物名录,在管理上按照废弃物的类别和数量实行分级管理,这是第一次在法律中明确临时性海洋倾倒区。[①]

1985 年 4 月 1 日起施行的《中华人民共和国海洋倾废管理条例》,明确"废弃物根据其毒性、有害物质含量和对海洋环境的影响等因素,分为三类",并以附件的形式予以明确;根据附件一、二及之外的废弃物种类,倾倒许可证分为紧急、特

---

① 张和庆.中国海洋倾废历史与管理现状[J].湛江海洋大学学报,2003,23(5):15 - 23.

别和普通许可证。

1991年9月25日发布的《中华人民共和国海洋倾废管理条例实施办法》是对《中华人民共和国海洋倾废管理条例》的解释和说明,规定了对应一、二、三类废弃物设置一、二、三类倾倒区,此外还有试验倾倒区和临时倾倒区;还规定了紧急、特别和普通倾倒许可证的有效期限和审批机构等。

2005年1月1日起施行的《委托签发废弃物海洋倾倒许可证管理办法》,由国家海洋局负责监督执行。第二条规定"国家海洋行政主管部门委托沿海省、自治区、直辖市海洋行政主管部门签发废弃物海洋倾倒普通许可证";第三条规定了委托省级海洋行政主管部门签发普通许可证的废弃物种类,第四条规定了倾废申请单位需提交的书面申请材料。此外,本办法还规定了受理和审批流程。

除以上法律法规外,还有《国家海洋局关于加强海洋倾废管理工作若干问题的通知》《国家海洋局关于进一步加强海洋环境监测评价工作的意见》《国家海洋局关于印发〈海洋倾废调查取证工作细则〉的通知》《国家海洋局关于印发〈中国海监海洋环境保护执法工作实施办法〉的通知》等文件。从20世纪50年代初到1985年我国政府颁布实施《中华人民共和国海洋倾废管理条例》(以下简称《海洋倾废管理条例》)的30多年间,虽然利用海洋空间资源处置废弃物为国民经济发展和港口、航道建设提供了条件,但这样也存在一些问题。其中最主要的是国家没有相应的法规,海洋倾废缺乏有效的管理。尤其是有些企业单位缺乏海洋环境保护意识,追求商业利润和贪图方便,把海洋当成垃圾桶,随意向海洋倾倒废弃物。在没有科学论证和管理的情况下向海洋倾倒有毒有害物质,对海洋环境和海洋资源造成污染和危害。

(三) 海洋倾废现状

1985年,我国政府颁布并实施《海洋倾废管理条例》,海洋倾废结束了无序无度的状况,进入了法制化管理的阶段。1986年3月12日国家海洋局在对全国海洋倾废全面普查核实后,根据沿海倾倒的需要,在科学论证的基础上选划了第一批海洋倾倒区。1986年11月2日,经国务院批准,国家海洋局公布第一批三类废弃物海洋倾倒区。此后,国务院分别于1987年、1988年、1990年、1993年批准国家海洋局上报的海洋倾倒区。至此,中国共有国务院批准的海洋倾倒区41个(见表2-1),各海区海洋管理部门批准的临时海洋倾倒区25个。随着我国沿海经济和港口航道建设的发展,国家海洋局根据各海区需要批准设立临时海洋倾倒区,以解决工程的急需。2000年,国家海洋局加大对海洋倾废管理力度,对正在使用的临时海洋倾倒区进行清理整顿,进一步规范选划审批的程序。

国家海洋局根据海洋倾倒区的使用情况,关闭了一些不宜继续使用的海洋倾倒区。1999 年,使用海洋倾倒区 21 个,临时海洋倾倒区 44 个。2000 年实际使用的海洋倾倒区(含临时海洋倾倒区)65 个。2001 年,实际使用海洋倾倒区(含临时海洋倾倒区)61 个。2002 年,实际使用海洋倾倒区(含临时海洋倾倒区)60 个。

表 2－1　国务院批准的海洋倾倒区

批　次	倾倒区名称
第 1 批	天津机场空中放油区
	大连周水子机场空中放油区
	上海虹桥机场空中放油区
	杭州笕桥机场空中放油区
	上海人粪尿海上临时倾倒区
	胶州湾海象咀东南倾倒区
	九澳岛东南疏浚物倾倒区
	黄茅岛以南疏浚物倾倒区
第 2 批	大亚湾核电站码头疏浚物倾倒区
	烟台港疏浚物倾倒区
	珠江口淇澳岛东北倾倒区
	淇澳岛东南倾倒区
	内伶仃东南疏浚物倾倒区
第 3 批	厦门港疏浚物倾倒区
	泉州湾疏浚物倾倒区
	湄洲湾疏浚物倾倒区
	南海三类废弃物倾倒区
第 4 批	长江口北槽倾倒区
	长江口横沙倾倒区
	长江口鸭窝沙北倾倒区
	吴淞口北倾倒区
	长江口鸭窝沙南倾倒区
	海口倾倒区
	马村倾倒区

批　次	倾倒区名称
第 4 批	八所倾倒区
	洋浦倾倒区
	三亚倾倒区
	清澜倾倒区
第 5 批	大连港大窑湾倾倒区
	大连港南海域倾倒区
	连云港倾倒区
	甬江口七里屿内侧倾倒区
	甬江口七里屿外侧倾倒区
	甬江口七里屿与外游山连线以西涨潮倾倒区
	甬江口七里屿与外游山连线以东落潮倾倒区
	甬江口双礁与黄牛礁连线以北倾倒区
	椒江口倾倒区
	瓯江口大门岛涨潮倾倒区
	瓯江口大门岛落潮倾倒区
	闽江口倾倒区
	湛江港倾倒区

二、我国海洋倾废管理的现状

(一) 海域倾废管理的法制化建设

(1)《中华人民共和国海洋环境保护法》(以下简称《海洋环境保护法》)1982年 8 月 23 日由第五届全国人大常务委员会第 24 次会议通过,全国人大常务委员会令第 9 号公布,1983 年 3 月 1 日起施行。该法第六章为"防治倾倒废弃物对海洋环境的污染损害",对海洋倾废行为和管理做了法律上的规定。

1999 年 12 月 25 日第九届全国人大常务委员会第 13 次会议通过了修订后的《海洋环境保护法》,同日中华人民共和国主席令第 26 号公布,2000 年 4 月 1 日起施行。修订后的《海洋环境保护法》将"防治倾倒废弃物对海洋环境的污染损害"调整为第七章,并明确要求国家海洋行政主管部门制定海洋倾倒废弃物评价程序和标准,拟定可以向海洋倾倒的废弃物名录,在管理上按照废弃物的类别和数量实行分级管理,这是第一次在法律中明确临时性海洋倾倒区。

（2）《海洋倾废管理条例》1985 年 3 月 6 日由国务院发布,1985 年 4 月 1 日起施行。

（3）《中华人民共和国海洋倾废管理条例实施办法》1990 年 9 月 25 日由国家海洋局发布。

（二）相关国际公约的规定

经全国人大常务委员会会议批准,我国于 1985 年 11 月 14 日加入《1972 伦敦公约》。同年 12 月 14 日,公约对我国生效。作为"伦敦公约"的缔约国,中国政府积极参加公约的相关活动并履行缔约国的义务。

（1）1983 年起,我国列席参加了公约组织的活动。1985 年 11 月 14 日,我国加入《1972 伦敦公约》后,积极参加公约缔约国协商会议和科学组会议的各项活动,并积极参加公约的修改,为 1996 年 11 月 8 日通过的《1972 伦敦公约/1996 议定书》发挥了积极的作用。

（2）1989 年 9 月 11～16 日,我国政府与国际海事组织等在上海成功地举办了一期海洋倾废管理培训班,来自交通、能源、水产、环保、海军和海洋等部门的 70 多名学员接受了培训。培训内容包括海洋污染源及海洋环境质量状况、废弃物管理策略、海洋倾废立法和管理、海洋倾废区选划和监测评价技术、废物处理处置方式选择等。

（3）1993 年 11 月 8～16 日,《1972 伦敦公约》缔约国第 16 次协商会议通过了关于修改公约附件的三项决议:第一项决议禁止一切放射性物质在海上处理;第二项决议规定在 1995 年 12 月 31 日前逐步停止工业废弃物在海上倾倒,并规定了禁止倾倒的工业废物的范围;第三项决议规定禁止工业废弃物和阴沟污泥在海上焚烧,任何其他废弃在海上焚烧须获得政府部门颁发的特别许可证。经国务院批准,中国政府接受了上述三项决议。[①]

（三）海洋倾废管理机构

1985 年 3 月 1 日生效的《海洋环境保护法》明确规定,海洋倾废的主管机关是国家海洋管理部门。1985 年 4 月 1 日实施的《海洋倾废管理条例》第四条又进一步明确规定:海洋倾倒废弃物的主管部门是中华人民共和国国家海洋局及其派出机构。中国海洋倾废管理机构框架见图 2-1。

---

① 杨文鹤.伦敦公约二十五年[M].北京:海洋出版社,1998.

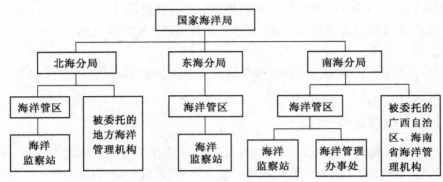

图 2-1　海洋倾废管理示意图①

为履行国家赋予的海洋管理职能,国家海洋局十分重视海洋管理和监测队伍的建设。到 1996 年底已形成由国家海洋局,3 个分局(含深圳、珠海 2 个海洋管理处)和沿海省、市海洋管理部门,3 个中国海监大队组成的海洋管理体系;1 个国家监测中心、3 个海区监测中心和 9 个海洋中心站组成的技术保障系统;拥有 2 架中国海监飞机、19 艘中国海监船的执法基本装备。

(四) 海洋倾废许可证制度

海洋倾废许可证制度是海洋倾废管理的一项基本制度,是实施《海洋环境保护法》和《海洋倾废管理条例》的保证,也是维护合法的海洋倾倒秩序、防止影响和损害海洋环境的重要措施。海洋倾废许可证类别有:

(1) 紧急许可证。《海洋倾废管理条例》附件一中所列的物质称为一类废弃物,该类废弃物禁止向海洋倾倒,当出现紧急情况或在陆地处理会严重危及人民健康时,经国家海洋局批准,获得紧急许可证,可到指定的区域按规定的方式倾倒。紧急许可证为一次性使用许可证。

(2) 特别许可证。《海洋倾废管理条例》附件二中所列的物质称为二类废弃物,该类废弃物向海洋倾倒应当事先获得特别许可证。特别许可证有效期不超过6 个月。

《海洋倾废管理条例》附件一第三项物质,经生物学检验不属"痕量沾污物",在海洋环境中不能迅速转化为无害物质,但可采取有效预防措施的物质亦可视为二类废弃物。

(3) 普通许可证。未列入《海洋倾废管理条例》附件一附件二的低毒或无毒的废弃物称为三类废弃物,该类废弃物只要事先获得普通许可证,即可到指定的

---

① 2000 年以后海洋管区更名为海洋管理处。

倾倒区倾倒。

许可证由需要向海洋倾倒废弃物的废弃物所有者及疏浚工程单位依法向海洋行政管理部门申请。实施倾倒作业单位与废弃物所有者或疏浚工程单位有合同约定的,也可依合同规定向海洋行政管理部门提出申请。

三、海洋倾倒区的管理制度

(一)海洋倾倒区的选划

《海洋倾废管理条例》第五条规定:海洋倾倒区由主管部门商同有关部门,按科学、合理、安全和经济的原则划出。海洋倾倒区分为一、二、三类废弃物倾倒区,试验倾倒区和临时倾倒区。

一、二、三类倾倒区是为处置一、二、三类废弃物而选划确定的,其中一类倾倒区是为紧急处置一类废弃物而选划确定的。试验倾倒区是为倾倒试验而选划确定的(使用期限不超过两年),如经倾倒试验对海洋环境不造成危害和明显影响的,商同有关部门后报国务院批准为正式倾倒区。临时倾倒区是因工程急需等特殊原因,由工程单位申请而选划的一次性专用倾倒区。

一、二类倾倒区由国家海洋局组织选划,三类倾倒区、试验倾倒区、临时倾倒区由海区主管部门(即北海分局、东海分局、南海分局)组织选划。一、二、三类倾倒区经商同有关部门后由国家海洋局报国务院批准,国家海洋局公布;试验倾倒区由海区主管部门商同海区有关单位后报国家海洋局审查确定,并报国务院备案;临时倾倒区由海区主管部门审查批准,报国家海洋局备案,使用期满,立即封闭。

海洋倾倒区选划在"科学、合理、安全、经济"的八字原则基础上,尽可能合理利用海洋空间资源和海洋环境容量,做到社会、经济和环境三个效益的统一,并要求实施倾倒作业对倾倒区附近的海洋环境及其他功能的影响是最小的,干扰是暂时的,并且是可以恢复的。

承担海洋倾倒区选划工作的单位必须有相应的资格:(1)海洋环境监测、调查和科研单位;(2)须持有国家技术监督局颁发的 CMA 证书;(3)持有环境保护部门颁发的建设项目环境影响评价证书(海洋)。正是对海洋倾倒区合理的选划和科学的管理,保证了沿海港口和航道建设,促进了海洋经济的发展。

(二)海洋倾倒区监测

海洋倾倒区监测是对废弃物倾倒后对海洋环境及资源可能造成的影响的专门监测,是海洋倾废管理的重要组成部分。通过监测,掌握废弃物倾倒及倾倒后对倾倒区及其附近海域的环境影响,为管理提供科学依据。

在多年海洋倾倒区监测的基础上,参照《1972 伦敦公约》有关规定和技术文件,国家海洋局组织编写了《海洋倾废区选划和监测指南》,并于 1997 年颁发施行。

国家海洋局所属各分局,每年对所管理海区的倾倒区有选择地进行监测。此外,各分局还对将要到期的临时倾倒区进行监测,决定是否延期或即行封闭。

(三)澳门海洋倾废在回归前纳入我国《海洋倾废管理条例》的管辖

由于特殊的政治历史和社会背景,澳门的海洋倾废一直没有接受我国《海洋倾废管理条例》的管辖。直到 1997 年 12 月,内地与澳门方面多次谈判磋商达成共识,双方于 1997 年 12 月 31 日在澳门签署了有关澳门在珠江口进行海洋倾废的管理备忘录后,澳门在珠江口海域的倾倒活动纳入了国家海洋倾废管理的轨道。

四、我国海洋倾废管理存在的问题

(一)重倾废之前的选划,轻倾废之后的管理

管理学原理中的"控制理论"强调:管理过程中的控制分为事前控制、事中控制和事后控制三个环节,其中,事前控制是在问题还没出现时的控制,能够把问题消灭在萌芽状态,减少管理成本;事中控制是在问题发生后,通过采用一系列的管理措施进行补救,把损失降低到最低限度,尽力阻止事态的扩大和影响面,这一阶段需要付出较大的成本;事后控制是在问题已发生且已造成负面影响后的控制,主要目的是挽救局面,对问题造成的社会危害竭力进行救治。这一阶段需付出最大成本,而且成效不明显。这一理论告诉我们,在海洋倾废管理的过程中,应高度重视倾废前的管理工作,要有防患于未然的意识;同时,对倾废进行中和倾废后的检查监督和违法处罚工作也应重视起来,将过程管理精细化,唯有如此,才能提高我国海洋倾废行政管理的效率和效能。

(二)倾废作业者倾废不到位现象严重

存在部分倾废作业者无证倾废、不按照许可证规定倾废和不按照规定记录倾废的情况。目前,我国许多疏浚工程施工过程中,都不同程度存在着海上倾倒不到位的问题。海上倾倒到位率的高低,直接影响到倾倒区的使用效果,以及是否污染海洋环境。因此,必须加强海上监视来严格防止倾废不到位现象的发生。同时,应防止疏浚物运载船只满仓溢流,避免造成沿途污染,降低疏浚物对生态环境的污染。

（三）各海区海监执法总队和各地方海监总队在执法中协同配合程度不高

突出表现为地方的海监总队不听从中央的指挥，主张地方自治；而中央的海监总队又不放权，事事干预地方执法。分析问题的症结主要是中央和地方的海监执法部门的职责分工不清，利益分配不均，缺乏有效的协调机制。

（四）海洋倾倒区选划缺乏统一的科技评估标准和衡量尺度

海洋倾倒区是按照海洋功能区划的要求选划的废物倾废功能区。2013 年 4 月 5 日，国家海洋局公布了《全国海洋功能区划（2011—2020 年）》，这是我国保护功能区海洋生态环境的重要法规依据。1985 年的《海洋倾废管理条例》规定倾倒区的选划要遵循"科学、合理、安全和经济"的原则，2009 年 3 月国家海洋局颁布《海洋倾倒区选划技术导则》（以下简称《技术导则》），将其作为海洋倾废作业的标准。但实践中还存在操作层面的问题，标准不能统一。

（五）违规倾倒现象严重，影响了海洋发展的正常秩序

近年来，海洋倾废的违法违规行为主要是无证倾倒、不按照许可证规定倾倒和不按照规定记录倾倒等情况。首先，由于海洋倾倒区分布过于集中且数量有限，在进行倾倒作业时经常出现在某个区域集中倾倒和就近倾倒的情况，倾倒物过量和集中堆积也对倾倒区及周围海域的海洋环境造成一定影响。其次，我国现有的大部分倾倒区已使用 20 多年，一些倾倒区的容量日趋饱和，但仍在使用中。再次，海洋倾倒区大都是为处置疏浚物而选划，随着沿海城市房地产和管道铺设项目的开工建设，大量地质材料需要进行海上倾倒，但目前没有适合处理这些物质的倾倒区。最后，由于倾倒量过大，倾倒船只满载疏浚物和废弃物，在运载过程中易出现满仓溢流的问题。这些不按规定、不科学、不合理的倾倒行为影响着海区海洋倾废管理的效果和海域的生态环境。

（六）海洋倾倒管理执行不力，影响了管理成效

国家海洋局下设的东海分局、北海分局和南海分局对各海区实际海洋倾倒状况开展专项执法检查，进行行政处罚。其中船舶巡航是主要监督方式，依据船载倾废仪器的记录，实时监察执行倾倒任务的船只是否按时、按规定在指定区域内完成倾倒作业。但这些执法仪器在生产、安装及数据出具方面的法律效力不足，还未有统一的国家计量认证来进行管理。由于安装成本及程序限制，这些执法设备往往安装不平衡、使用率低下以及使用不彻底，难以对倾倒活动实施全面监视。就倾倒罚款金额收缴来看，所做出的行政处罚决定中确定的罚款额度即决定罚款的数量与实际收缴的罚款金额之间总存在差距，海洋倾倒罚款无法按照处罚规定

中的数额全额收缴。此外,海区海洋倾废执法监督中还存在一些问题影响着海洋倾废有效有序地进行。如对个别倾倒区内的倾倒行为监督检查薄弱,违法倾倒行为难以完全禁止;存在地方保护主义现象,对个别区域内的违规倾倒行为放任自流;海域内监管的独立性使得获取的海洋倾废信息数量少,手段渠道有限,执法装备在数量和质量上都有待提高等问题。

五、实现对海区海洋倾废管理的有效对策

为保护海洋资源与生态环境,同时为海域内港口、航运等海洋经济的发展提供便利条件,加强对海洋倾废的管理工作具有十分重要的意义。根据近年来海洋倾废管理的实践,针对海洋倾废实际操作过程中存在的问题,实现对海洋倾废的有效管理可以从如下方面进行。

(一)加强对海洋倾废的法制化管理

虽然我国在海洋倾废管理方面陆续出台了《海洋环境保护法》和《海洋倾废管理条例》等法律法规,以及《疏浚物海洋倾倒分类标准和评价程序》《海洋倾废管理条例实施办法》《倾废区管理暂行规定》《海洋倾倒区选划技术导则》等相关制度,但随着海洋倾废活动的日益频繁和复杂,原有的法律法规已不能有效地规范现有的倾废活动,致使不法分子钻了法律漏洞,进行违规、违法和不当倾倒活动。为加强对海洋倾废的法制化管理,各海洋管区、海洋监测站和有关部门必须充分掌握管理法规,加强信息交流,密切配合工作,形成上下一致、集中统一的管理局面,使海洋倾废管理活动更加有序有效地进行。尽快制定和完善地方的具体海洋倾废管理制度和办法,既有利于海洋倾废法律体系的完善,也促使海洋倾废在良性循环基础上有限度地发展和规范。加强海洋倾废和海洋环境保护的宣传力度,提高公众保护海洋环境的法律意识,也有助于加强对倾废活动的依法管理。

(二)海洋倾废区的选划与使用管理并重

由于现有倾废区在选划和使用中存在过于集中和难以满足现实需要的问题,未来设置海洋倾废区时应以各海域的特定环境为立足点,本着科学、合理、生态、安全的原则进行,分析利弊、扬长避短,有效利用海洋空间和海洋的自净能力。在具体进行倾倒区选划时,各海域分局应在选划工作开始之前召开一次相关涉海部门(如渔业局、海事局等)和拟使用海洋倾倒区的建设项目业主单位参加的倾倒区预选位置协商会。在充分听取各部门意见后,由海洋主管部门在对海区进行调查研究的基础上,按选划海区的具体标准,综合考虑,初步确定倾倒区的位置,再由具有倾倒区选划论证资质的机构针对预选位置开展选划论证工作。通过严格的

工作程序,有效地提高倾倒区选划论证工作的科学性和行政决策的正确性。经过相关调查以及专家组研讨,最终将确定选择的倾倒区报国务院批准,使倾倒区选划论证工作更加有目的性和针对性,保证倾倒区选划工作更加科学、合理、顺利地开展。为充分发挥倾倒区的价值,合理进行使用,一方面,根据不同类别的倾废区,考察原选划依据是否充分、划区是否合理、对海洋环境影响程度如何等情况,决定海洋倾倒区是保留使用、暂时使用、暂时封闭或是报废;另一方面,由于海区所选划的海洋倾倒区面积较大,可试将大倾倒区划分为几个小区,轮流进行倾倒,以防止就近倾倒造成倾倒物不均匀分布、局部区域水深增高的现象,有效提高倾倒区空间资源的利用率。最后,明确海洋倾倒区的海域使用权归属(海域使用权是属于倾倒区使用者还是属于海洋行政主管部门),以此保障合法倾倒者的利益,避免倾倒发生海域使用纠纷。

(三)严格控制倾倒数量,修复倾倒区的环境

随着国家海洋开发战略的推进和深入实施,海洋开发活动和沿海工程建设增加,远洋航运频繁,东海区海洋环境面临的压力日益显现,突发和潜在的环境风险增加。随着海洋开发的不断深入,需要倾倒的废弃物数量必然会继续增长。各海区海洋倾倒的废弃物不断增加,使原本已遭受污染、质量恶劣的海洋环境雪上加霜,区域环境压力进一步加大。从对各海域海洋倾倒区环境监测的结果可知,各海区主要海洋倾倒物为航道疏浚产生的泥沙等无毒、无害的疏浚物,倾倒入海后对环境造成的污染和破坏较小,因此,各级政府要加快建立和完善"陆海统筹"的污染防治体系,有效控制入海废弃物总量,结合围填海和人工岛建设等开发项目,推进海洋废弃物资源化利用,逐步减少向海洋倾倒的数量,缓解各海洋倾倒区的空间和环境压力,保护区域海洋生态环境。同时,由于随意、不规范的倾倒已对个别海洋倾倒区及其周边海域生态环境造成破坏,大部分倾倒区已处于亚健康状态,针对已被污染的倾倒区,海洋倾废主管部门和环保部门要加强对其生态环境的修复工作。强化监督废弃物倾倒入海的职责,及时将废弃物倾倒后的环境监测结果通报环保部门,积极控制含氮、磷等有毒污染物的废弃物倾倒入海,加强海洋重金属污染防治,使其健康状况得到明显改善,减低海洋污染程度。

(四)加强对海洋倾废活动的执法监督管理

随着近年来违法、违规倾倒案件的不断增加,各海区沿海省市各级海洋主管部门及中国海监机构要紧紧围绕国家总体海洋发展战略和承担的海洋环保职责,加强对疏浚和倾倒行为的规范和管理,依法严格查处违法行为,提高应对海洋倾废违法违规行为的能力。

在海洋倾废巡航检查方面,首先,加大巡航检查力度,增加执法船舶数量和巡查频率,扩大巡查范围,尤其加强夜间及节假日巡航执法。建立与海洋管理各部门有效衔接的应急管理体系,完善管理资源储备,加强应急队伍建设和演练,对集中倾倒的区域定期开展风险排查和评估,积极防控突发性违规倾倒事件。其次,适当开展专项整治联合执法行动。联合各海域当地执法管理支队和部门,调配执法设备和人员,集中对倾倒区分布密集的区域进行监视和监管。联合各沿海省市的海洋与渔业部门、港口管理部门以及海事部门进行综合治理。

在海洋倾废执法设施及人员配备方面,一方面,首先要出台强制性规定,要求各海区海域内进行海洋倾废活动的船舶必须安装倾倒航行数据记录仪,对现行的倾倒船开展全面普查,彻底实行强制安装政策;其次,完善倾废仪生产应用手续及行业技术标准和规范;由国家海洋行政主管部门颁发许可证,各海区选择具有研制生产倾废仪设备经验的技术单位来完成生产和安装;再次,地方海区应成立倾废仪管理部门,负责海域内海洋倾废船上倾废设备的日常使用和监督检查,发挥其为做出执法处罚提供事实依据的作用。另一方面,加强对执法人员的全面培训,使其掌握专业技术和方法,提高执法效率。此外,涉海法律、法规及相关制度和规定也是执法人员所必须掌握的,针对不同程度、不同方式的非法倾倒行为,能够依据具体的规定,作出合理适当的行政处罚,并能够按时按规定收缴处罚费,提高执法成效。[1]

(五)加强对海洋倾废企业的集中普法

一方面,海洋部门可举办倾废法律法规专项培训班,对需要进行疏浚倾废作业的海洋工程建设单位、施工单位以及倾废船船长等进行普法培训,对海洋倾废的法律、法规及相关要求进行全面介绍。另一方面,执法人员可结合实际开展送法服务,针对日常倾废检查中发现的无证倾倒、不按许可证规定倾倒等问题,提出海洋倾废工程开工前和施工中的具体要求,有效防止违法倾废现象的发生。同时,由于现行倾倒区的运营管理政策不是十分明朗,出资选划单位的权益无法得到充分保障,加上选划经费较高,导致倾废单位对倾倒区选划工作很不积极。因此,建议海洋倾倒区的选划可以参照海砂市场化配置的方法进行,对于取得选划资格的倾废单位,鼓励其将倾倒区开放给需要临时性倾废的单位,这样既可以提高倾废单位参与选划的积极性,又可以降低以后各倾废单位的倾废成本,合理使用海洋资源。

---

① 吕建华.中国东海区海洋倾废管理问题与对策研究[C].全国环境资源法学研究会,2011.

第三节 海洋工程污染管理

海洋环境对人类的生存和发展具有极其重要的意义,这是毋庸置疑的,但随着海洋经济的发展,海洋环境的污染和损害已经威胁到人类的自身健康和社会经济建设。海洋工程是人类开发、利用、保护和恢复海洋资源的系统工程,人们通过海洋工程从海洋中获得所需要的资源(物质的和非物质的)和持续发展的利益。海洋工程是一把"双刃剑",海洋工程的建设过程和运行过程大都会对海洋产生一些"副作用",如破坏海洋环境(破坏海洋地貌地形、干扰海洋的动力过程、破坏海水的成分平衡等)、污染海洋资源(污染海水、污染生物、污染地质地貌、污染空气等),所有这些就构成了海洋工程污染。

一、海洋工程污染概述

(一)海洋工程的概念

"海洋工程"这个概念是 20 世纪 60 年代提出的,40 年来,伴随着海洋石油、海底天然气等能源的开采和利用,海洋工程的内容也逐渐充实丰厚起来。关于海洋工程的界定,在我国 1999 年修订的《海洋环境保护法》设立"防治海洋工程建设项目对海洋环境的污染损害"专章之前,一直是模棱两可的。即使与其有关的环境法学理论也没有将其作为一个单独的研究课题进行探究,所以,对海洋工程的界定一直有争议。有学者从狭义角度认定,也有学者从广义角度认定。《海洋环境保护法》所使用的是从狭义角度规定的海洋工程概念,不包括海岸工程;《海洋环境保护法》将海岸工程污染海洋环境作为单独一章进行规定。

《防治海洋工程建设项目污染损害海洋环境管理条例》(以下简称《防治海洋工程污染条例》)第三条将海洋工程界定为以开发、利用、保护、恢复海洋资源为目的,并且工程主体位于海岸线向海一侧的新建、改建、扩建工程。具体包括:(1)围填海、海上堤坝工程;(2)人工岛、海上和海底物资储藏设施、跨海桥梁、海底隧道工程;(3)海底管道、海底电(光)缆工程;(4)海洋矿产资源勘探开发工程;(5)海上潮汐电站、波浪电站、温差电站等海洋能源开发利用工程;(6)大型海水养殖场、人工鱼礁工程;(7)盐田、海水淡化等海水综合利用工程;(8)海上娱乐及运动、景观开发工程;(9)国家海洋主管部门会同国务院环境保护主管部门规定的其他海洋工程。《防治海洋工程污染条例》第一次以法规的形式明确提出了建设海洋工程的目的,同时也明确了海洋工程的概念,并将海岸线作为区别海洋工程和海岸工程的标准。

根据《防治海洋工程污染条例》对海洋工程的目的和项目的有关规定,我们对海洋工程也有了一个较之以前更为准确、清楚、明白的认识。即海洋工程是指以促进经济建设和保护海洋环境为目的,工程主体位于海岸线向海一侧的诸如围填海、海上堤坝工程,大型海水养殖场、人工鱼礁工程等九项工程建设项目。海洋工程的这一定义主要涵盖了两方面的意思:第一是海洋工程建设的目的,第二是海洋工程建设项目。

(二) 海洋工程污染

1. 海洋工程污染及其危害

海洋工程污染一般是指海上工程项目在建设、生产开采运行、服务期满或退役期间由于自然灾害、机械故障、工艺落后、人为因素等,直接或间接地把污染物质或能量引入海洋环境,并对环境造成一定规模或程度的破坏事件。

其危害的主要目标是:(1)对海洋生态环境的危害:破坏生物栖息环境,损害海洋生态环境和生物资源,使生物多样性、均匀度和生物密度下降;(2)对渔业资源的损害:渔场外移,渔获量减少;(3)对海水水质的危害:超过水质自净能力和承受力;(4)对人体健康的危害:经食物链富集有害物质;(5)对其他海洋功能的危害:地形改变、航道淤积、海岸侵蚀、岸滩植被破坏、自然景观破坏等。

其危害结果是:(1)造成经济财产损害;(2)造成人身健康损害;(3)造成环境破坏;(4)造成生态破坏;(5)造成生物有害物质积累、质量下降、死亡、渔业减产等经济损失;(6)造成海洋功能退化甚至无法利用。

2. 海洋工程污染的分类[①]

根据海洋工程污染的定义可知,海洋工程的种类很多,但污染要素只有几种,主要有化学污染、物理污染、生物损害、地质损害与污染等,因此我们可以按海洋工程污染要素进行分类。

(1) 化学污染

海洋工程的化学污染是指在海洋工程的建设、使用和废弃过程中,以排入或取出某些化学成分的方式,人为地改变或破坏海洋原有(水质)化学状态的过程和行为。

海水的盐度是海水中含盐量的一个量度,世界海洋中各处海水的盐度尽管各不相同(构成不同盐度的海水),但其中各化学成分的比例却是大体相同的(此乃著名的"海水组成恒定律")。在海洋工程的建设、使用和废弃过程中,排入了或取

① 卢晓东,郭佩芳.海洋工程污染分类研究[J].海洋湖沼通报,2008(4):163-168.

出了某些海水成分,从而人为地改变或破坏海水原有化学成分及其比例,从而改变了"海水组成恒定律",改变了海水水质,特别是当增加了海水中的微量元素、营养要素、放射性要素等的含量,使海水水质发生不良变化时,就构成了海水的化学污染。如油类污染、重金属污染、富营养化污染、放射性污染,乃至使海水淡化的废弃物污染等。

来自于工程的化学污染主要有近岸城市、乡村和河口的排污工程中有机合成化学品、重金属、油类和营养物质的污染;海水利用工程中由于消毒海水导致的余氯污染;海水养殖工程中残饵和化肥的营养物质污染、消毒过程中的残毒污染;石油开发过程中由于海上油船漏油、排放、油船事故和海底油田开采溢漏及井喷等造成的石油污染;核工厂、核电厂和海底核废料仓库使用过程中的核泄露造成的放射性污染;海底采矿过程中的重金属污染。

海水化学污染的影响深远,不仅污染海水水质,而且往往进而影响到海洋生物和海洋生态,甚至影响到人类,如 1960 年代日本水俣市海域的重金属污染,引起附近居民甲基汞中毒,即水俣病。

（2）物理污染

海洋工程的物理污染是指在海洋工程的建设、使用和废弃过程中,以物理的方式,人为地改变或破坏海洋原有物理状态的过程和行为,主要包括对海水的温度、盐度、深度、混浊度、水色、透明度的改变和影响,对波浪场、海流场和潮汐场的动力场的破坏和干扰。如滨海工业（热电厂、冶金厂、化工厂）的冷却温排水造成海洋热污染,致使局部海域水温非自然升高;海水淡化工业的浓盐水排放造成的一定程度的盐度污染,能够使局地海洋生物不适应,乃至迁徙或死亡;各种围填海工程中的开发悬浮泥沙、矿产资源开发的尾矿排放、发电厂的粉煤灰散播、大量的生活垃圾和工业垃圾倾倒等容易使海水浑浊度增加、透明度下降,从而导致海洋生物的窒息死亡,或初级生产力下降;各种围填海工程、防护工程、海底管线（道）工程、海上倾废区、海底工程等均破坏海底底质,影响海水深度场,破坏和干扰原有的动力场,从而进一步影响到海底的冲刷或淤积。

（3）生物损害

海洋工程的生物损害是指在海洋工程的建设、使用和放弃过程中,人为地损害海洋生物的过程和行为,特别是恶性的过程和行为。主要包括对海洋生物生长空间的损害和破坏,对海洋生物食物链的损害与破坏,对海洋生物的直接损害与破坏。对海洋生物生长空间的损害和破坏是指海洋空间资源（围海造地、人工岛、海底工程、岸滩工程和各种破坏自然格局的防护工程）的建设和使用过程对海洋生物生长空间的占有,和人为对海洋生物生长空间（珊瑚礁、红树林、渔礁）的破坏。对海洋生物食物链的损害与破坏是指摄食者与被食者的营养关系——食物链的破坏和影响,如水质的改变使浮游植物的光合作用被抑制或亢进,造成基础生产力减少和暴增;物理的、地质的改变和影响都会对浮游生物、游泳生物的组成与多元性造成伤害,使鱼类孵化数减少、幼鱼大量死亡和变形,从而产生食物链的弱化和断裂。对海洋生物的直接损害与破坏是指海洋工程的化学作用、物理作用、地质作用等,直接对海洋生物的杀伤和影响,如海洋水质的恶化、海洋水温的异常、机械动力的损伤、泥沙和悬浮物的异常增加、声波和爆炸波震动等。

(4)底质破坏与污染

海洋工程的地质地貌损害与污染是指在海洋工程的建设、使用和废弃过程中,人为地改变或破坏海洋原有的地质地貌的过程和行为,特别是恶性的过程和行为。主要包括各种空间资源和矿产资源的工程建设与使用过程中对海洋地质地貌的损害与污染,如各种围填海工程、防护工程、海底管线(道)工程、海上倾废区、各种海底工程的建设,矿产资源(挖沙、采煤、采油等)的开发,海底倾废区(生活垃圾、建筑垃圾、海底疏浚物和工业垃圾等)的垃圾倾倒,海上各种工程(海底爆破、泥沙吹填、海底开挖、泥沙耙吸、围海造地、海底隧道开挖、海底管缆铺设等)的施工等对海底底质和形态产生破坏,从而影响到海水动力场的改变,进一步影响到海底的冲刷和淤积。

(三)海洋工程污染海洋环境的特点

首先是兼具开发性与破坏性。海洋工程项目的建设都是以开发利用海洋为目的的。这种开发活动一方面带来了一定的经济利益,另一方面开发过程中产生的废物又造成了海洋环境污染。

其次是持续性强。海洋是地球上地势最低的区域,它不可能像大气和江河那样,通过一次暴雨或一个汛期使污染得以减轻,甚至消除。污染物一旦进入海洋,很难再转移出去,不能溶解和不易分解的物质在海洋中越积越多,它们可以通过生物的浓缩作用和食物链传递,对人类造成潜在威胁。

第三是扩散范围广。全球海洋是相互连通的一个整体,一个海域出现的污染,往往会扩散到周边海域,甚至扩大到邻近大洋,有的后期效应还会波及全球。比如石油钻探中发生泄漏造成的海洋环境污染,海面会被大面积的油膜所覆盖,阻碍了正常的海洋和大气间的交换,有可能造成全球或局部地区的气候异常。此外石油进入海洋,经过种种物理、化学变化,最后形成黑色的沥青球,可以长期漂浮在海上,经风浪流扩散传播,在世界大洋一些非污染海域里也能发现这种漂浮的沥青球。因而要解决海洋污染问题,仅靠个别国家单方面的措施是远远不够的,还需要各国的共同努力。

第四是巨大潜在性、防治难、危害大。一些海洋工程建成初期给海洋环境带来的危害并不易被发现。这是因为海洋污染有很长的积累过程,不易被及时发现,一旦形成污染,需要长期治理才能消除影响,且治理费用较大,造成的危害会波及各个方面,特别是对人体产生的毒害更是难以彻底清除干净。20世纪初荷兰的围填海活动给环境造成的危害直至数十年后才显现出来。

二、我国海洋工程环境污染的立法概况及不足

为了达到促进海洋经济的可持续发展和保护海洋生态环境之目的,我国已经制定了一系列关于规范海洋工程开发海洋活动的法律法规。我国保护海洋环境的有关立法工作是从1972年联合国人类环境大会开始的,专门针对海洋工程建设项目管理的法规是2006年颁布的,集40年之努力,我国已逐渐形成了适合我国国情的海洋环境保护法律法规体系。

(一)我国海洋工程污染防治法的立法概况

我国海洋工程污染防治法的立法过程可分为产生、形成、发展三个阶段。

1. 海洋工程污染防治法产生阶段

自1972年6月5日我国出席在瑞典举行的人类环境会议,到1982年8月23日通过《海洋环境保护法》,是我国海洋工程污染防治法的初步产生阶段。1974年1月30日国务院颁布的《防止沿海水域污染暂行规定》是我国最早涉及海洋污染防治的法律文件。1979年《环境保护法(试行)》颁布,该法的有关规定是我国环境基本法中第一次提到防治围填海工程污染损害海洋生态环境的问题。1982年8月23日通过的《海洋环境保护法》,对保护海洋环境、防治海洋污染来说意义重大,该法对有关海洋工程的污染防治问题做出了具体而明确的规定。这部法律应该是我国海洋工程污染防治法正式产生之标志。

2. 海洋工程污染防治法形成阶段

自1982年到1992年这10年是我国海洋环境保护法的法律制度体系形成阶段,也是我国海洋工程污染防治法的形成阶段。1982年颁布的《海洋环境保护法》第一次明确了规划海洋工程相关事项,之后的10年间,我国又陆续出台了一系列与之相关的规章制度,对诸如海洋石油勘探开发排污倾废等问题都分别做了明确规定。至此,海洋工程污染防治法大气候已经初步形成,并为其后进一步建立健全防治海洋工程污染防治的法律制度奠定了良好基础。

3. 海洋工程污染防治法发展阶段

自1992年到现在,应该是我国海洋工程污染防治法的发展阶段。1992年以

来,我国制定了一系列有关海洋工程的部门规章,1999年新修订的《海洋环境保护法》对海洋工程建设项目做了较之以前更为全面和详尽的规定。2006年《防治海洋工程污染条例》颁布,该条例是海洋工程污染防治管理的重要依据,是对海洋工程污染损害海洋环境行为的一个强有力的制约。这两部法律法规的颁布,是我国海洋工程污染防治法发展到一个前所未有的新阶段的重要标志。

(二)我国海洋工程污染防治法的不足

如上所述,从20世纪70年代开始至今,我国已经颁布了十多部关于海洋工程污染防治的法律法规,2006年国务院颁布的《防治海洋工程污染条例》作为专门规制海洋工程污染防治的条例,其规定了海洋工程污染防治的重要管理制度,并将分散于各法律法规中关于海洋工程污染防治的规定规范化、条理化、系统化。这个条例明确了我国海洋工程的界定、环境影响评价制度、听证制度、公众参与机制、行政管理体制等几项主要的海洋工程污染防治的管理规定。这一系列规定对海洋工程污染防治起到较为严格的监督管理作用,海洋工程污染行为有所收敛,海洋工程污染状况也有所改观。但是,在《防治海洋工程污染条例》施行的过程中,"三不管"现象还时有出现,这说明《防治海洋工程污染条例》有其疏漏之处。

三、我国海洋工程污染管理的对策建议

(一)重新构建海洋工程环境影响评价制度

海洋工程环境影响评价制度的有效实施,是我们防治海洋工程污染的首要预防性措施。可在借鉴国外相关经验的基础上,修改海洋工程环境影响评价书的内容,重新构建一个内容广泛、可操作性高的影响评价制度。主要包括:(1)必须综合分析、预测和评估海洋工程对海洋生态环境的影响,明确将其作为环境影响评价报告书中必不可少的内容。海洋生态环境保护必须成为环境影响评价的重要组成部分。因为目前海洋工程污染的状况致使海洋生态环境面临很严重的压力。要对海洋工程周边的生态环境进行强制性保护,遏制海洋生态破坏,保持海洋生态动态平衡,促进自然生态系统的良性循环。减轻海洋工程造成的危害,确保海洋生态环境安全,应当成为海洋工程环境影响评价的重点之一。(2)建立环境影响评价替代方案制度。由于海洋工程的特殊性,一旦对海洋环境造成污染,其后果往往不可逆转,因此我们在海洋工程环境影响评价制度中必须重视替代方案和多种选择。我们可以通过两种方式在法律上建立替代制度:第一,直接在《防治海洋工程污染条例》中增加这一制度,强制性写入环境影响评价报告书。第二,可以在未来制定海洋工程环境影响评价制度实施细则、环境影响报告书编制规则时,

增加替代制度的具体内容。此外,我们在具体规定替代制度时,可以采纳美国的环境影响评价制度,增加"延迟活动方案"(又称"保持现在发展趋势"的替代方案),即在海洋工程建设项目没有实施的情况下,该区域环境的发展状况。在我们对各种方案进行比较和分析后,如果从长期看,"延迟活动方案"更有利于我们的经济、社会发展和海洋环境保护,我们也应当毫不犹豫地选择这一最佳方案,而不能被短期的经济利益所蒙蔽。因此,重新构建海洋工程环境影响评价制度是必要的,只有进一步完善该制度,才能使得我们的决策者和公众更有准备地进行海洋工程污染影响的相关评议并开展有利于环境的活动。

(二)加强主管机关的行政职能,健全行政执法体系

加强行政机关的行政职能,严格遵守和执行现行法律、法规,认真做好行政执法工作,使得我国海洋工程污染防治法在海洋环境保护中发挥应有的作用,而不仅仅流于形式。从世界各国管理海洋的形式来看,主要有三种类型:一是分散管理型。就是把海洋管理工作分散到政府的各个涉海行业部门,由各个行业部门分头管理,没有综合的海洋管理机构。二是半集中管理型。就是政府有一个专门的海洋管理结构,但是这一机构并不包揽所有的海洋事务。三是集中管理型。就是政府对涉海事务实行高度统一管理。理顺行政机关在海洋工程管理方面的职权,也是我们海洋行政执法必须面对的一个重大问题。长期以来,我国管理海洋的形式主要属于第一种类型——分散管理型。各部门建立的与海洋管理有关的机构和队伍各成体系,相互之间难以协调,这长期困扰我们的执法活动。虽然在《防治海洋工程污染条例》颁布以后,确立了海洋主管机关的地位和职权,"老毛病"得到了缓解,但海洋工程在规划设计方面缺乏统筹协调与统一规划的现象依然存在,其不合理的开发造成了严重的资源破坏和负面影响。实践证明,把法律上的规定变为现实,是一个比较复杂的过程,要求行政机关及其公职人员严格执行法律,正确适用法律,以保证法律的实现。《防治海洋工程污染条例》虽然对海洋主管机关的权限做出了划分,但仍然存在权力制约的盲点。该法没有突出其他立法机构和私人团体的监督作用。各级人大及其常委会要真正履行法律监督权,定期开展对于海洋工程污染防治的执法检查活动。海洋主管机关要自觉接受群众监督和舆论监督,及时解决行政管理中暴露出来的问题。总之,建立完善的海洋工程管理监督体制仍然任重道远。

(三)大力发展环保组织,加强对外合作

我国民间环保组织蓬勃发展,为中国的环境保护事业注入了新的活力。但总体来说,中国环保组织的势力还比较薄弱,社会影响力不大。美国和日本都非常

重视民间环保团体的力量,特别是美国,在法律上鼓励联邦政府、各州和地方政府与公共或者私人团体进行合作,采取一切切实可行的手段和措施,包括财政和技术上的援助,保护环境,实现可持续发展。鼓励与私人团体的合作,并以法律的形式要求充分利用公共机构和私人组织以及个人提供的服务、设施和资料。要大力发展环保组织,就必须转变政府观念。在现代社会,政府已不再是实施社会管理功能的唯一权力核心,政府应与公众共同承担管理社会公共事务的责任。我们应当承认环保组织的法律地位和法律权利,将其纳入我国的海洋工程污染防治法律制度之中,鼓励民间团体参与海洋工程污染防治活动;民间团体还可以组织相关活动,向公众宣传海洋工程污染的危害和防治措施。只有获得法律和政策上的明确支持,民间团体才有权直接同海洋行政主管部门对话,参与到海洋工程污染防治法的立法过程中。

我国的海洋科技合作、交流和开发,目前仍然停留在一个相对落后的水平。相对于发达国家来说,我们的海洋科学技术尽管在某些方面已经赶上了世界先进水平,但就总体水平而言,我们和发达国家还有相当大的差距。美国和日本的经验告诉我们,发达国家都非常重视海洋环境保护技术的开发,鼓励私人团体参与其中,鼓励国与国之间的技术交流。我国只有加强对外合作,以立法的形式鼓励海洋主管部门、国内企业和团体与外国进行海洋工程污染防治的技术交流,才能推动我国海洋事业的发展,成功预防大型海洋工程的污染危险。

(四) 加强海洋工程污染防治法的宣传教育

加强海洋工程污染防治法的宣传教育,尤其是要提高各级领导干部的环保意识和法制观念。加强环境宣传教育,特别是海洋工程污染防治宣传教育,提高我国各级领导干部对海洋工程污染危害的认识程度,提高我国用海单位和全体公民的海洋保护意识,在今天海洋工程污染日益加剧的中国是非常重要的。由于长期疏于对海洋工程污染的宣传教育,很多单位和个人根本没有意识到海洋工程开发的环境后果,不知道应该如何保护海洋环境,更不知道如何合理利用和保护海洋的不同区域。宣传教育工作主要包括两方面:第一,国家要有能够统一协调的宣传教育机构。国家海洋主管部门和沿海县级以上地方政府海洋主管部门作为海洋工程污染防治法宣传教育活动的组织、协调和实施机构,应当积极投入人力、物力,开展多种形式的教育活动,提高广大人民群众的可持续发展意识和参与海洋工程污染防治工作的自觉性。第二,应当在海洋工程污染防治法律制度和相关政策中规定:鼓励全社会开展多种形式的海洋工程污染防治宣传教育活动,资助社会其他机构和团体参与宣传教育活动。

四、海洋工程污染损害调查

（一）工作原则

污染事故调查是一项技术要求高、综合性强的工作，其出示的数据具有公正性，可作为执法量刑和索赔（偿）依据。要做好污染事故调查评估工作，必须要坚持客观公正的原则，取证要科学、系统且及时，所提供的解决和处理污染事故的方案具可操作性。

（二）工作程序

一般来说，污染损害评估程序应包括确定和筛选损害对象、损害的量化、损害货币化。

按照工作开展顺序，程序可分为如下几方面：

（1）受理立案：海洋行政主管部门对污染事件立案处理，并对污染事故发生时间、地点、污染损害原因与状况等内容进行初步分析。委托满足资质要求的海洋环境调查监测单位编写工程污染事故评估工作大纲。工作大纲应筛选调查内容及参数，确定调查范围、调查方法、时段、地点、次数等，还要详细地说明现状评价与潜在影响预测的原则、方法、内容、范围、时段等。

（2）事件主体的调查分析：主要收集事件发生体的资料，包括发生地点、时间、工程规模、工程类型、工艺、运行方式，了解附近区域规划等，目的在于了解工程时空开发形态。从布局结构入手，分析事件对区域环境体系的整体性影响。

（3）有潜在危害而需保护的敏感目标的确立：保护目标或敏感目标包括：①海洋生物资源区；②渔业资源（增养殖区）；③附近滨海旅游区、自然保护区及相关功能区；④海洋珍稀水生动植物；⑤航道和锚地；⑥军事区等。

（4）评估等级和标准的确定：评估等级是确定评估工作的深度和广度，体现污染对区域影响的关切程度和保护环境要求程度。

评估标准是衡量环境质量、控制污染的准绳，主要可分为两类：环境质量标准和污染排放标准。评估要则以是否达到标准要求为基本度量，是一种纯质量型评估。但是在实际环境中，环境影响既有外部表征（环境功能）变化，又有内在本质（生态结构）的变化；既有数量变化，又有质量改变；并且存在由量变到质变的发展变化规律。因此，评估体系要因地而异，分层次进行，坚持单因子与多因子、个体与整体相结合的原则。其评估标准应能反映对环境影响的程度（尽可能量化），同时还必须具有可操作性。

评估等级与标准视其污染影响性质（可逆与不可逆性）、持续时间（暂时的、长期的,甚至永久性的)、影响范围大小和区域环境要求等,按有关法规制定。一般评估标准应首选国家、行业地方规定标准或背景本底值,在没有标准时可用类比对象(如相似条件下生态系统)或科学研究已判定的生态效应作为参考标准。

(5) 评估范围的确定:以污染发生地和直接影响所及范围为主,但由于海洋是一个开放性强且具有动态性(水体流动)的区域,同时环境因子间具有高度相关性,因此评估范围还应包括间接性影响所及范围,要充分体现生态系统完整性,能包含所有受影响的敏感保护目标。在实际工作中,点状布局事件可按水文、地形地貌、生态特征、工程规模、物流强度等因素确定。线状布局的事件根据所涉及生态系统的类型、地形地质单元、水文单元等,用点线结合、以点为主原则。斑点状、网状布局事件,原则上应进行区域调查,采用点、线、面结合办法确定评估范围和重点,还有些事件须根据环境因子相关性分析的相关程度确定其调查范围。

第四节　船舶污染管理

一、船舶污染事故及主要内容

(一)船舶污染事故

随着石油、化学工业的发展,船舶造成环境污染方面的事故自 20 世纪 60 年代以来逐年增多,几乎每年都发生溢油 1 万 t 以上的船舶油污事故。1967 年 3 月 18 日,"托雷卡尼翁号"油轮触礁后泄漏的 12.4 万 t 原油全部流入英吉利海峡,污染海岸 225 km,这是世界上第一次超级油轮污染事故,震惊全球,使英、法两国蒙受了巨大的损失。之后,恶性的船舶污染事故明显增加。1989 年 3 月 24 日,美国埃克森石油公司所属的"瓦尔德兹号"油轮在阿拉斯加海域威廉王子湾附近触礁,4 600 万 L 原油泄入海洋,污染 1 000 多 m^2 的海域,这是美国历史上最严重的油污事故,受污染海域的生态环境和生物资源至少 40 年后才能恢复。这起严重的油污事故,导致美国出台了严厉的《1990 年油污法》。2002 年 11 月 13 日,巴哈马籍油轮"威望(Prestige)号"在西班牙海域搁浅随即断裂沉没,1 万多 t 重燃油泄入海水中,形成 5 km 宽、37 km 长的污染带,400 多 km 海岸被严重污染,西班牙西北海岸著名的旅游度假胜地加里西亚面目全非,欧盟为此向国际海事组织提出了严厉的修改《国际防止船舶造成污染(MARPOL)公约》的提案。

随着我国石油和燃油进口的逐年增加,在中国沿海或港口的船舶油污事故也时有发生。据统计,20 年来,我国船舶事故造成的污染事件和违章操作排放或泄漏造成的污染事件,平均每年发生百余起,对海洋环境、生态以及沿海的经济造成巨大损害。如 1975 年 4 月 15 日,"大庆 50 号"油轮在秦皇岛油码头装油,由于值班人员擅离岗位,发生冒舱溢油事故,导致 30 多 t 原油入海;1979 年 6 月 23 日,巴西籍油轮撞坏岛油码头,导致 30 多 t 原油泄漏;1983 年 11 月 25 日,巴拿马籍"东方大使号"油轮在青岛港马蹄礁触礁搁浅,约 3 300 t 原油泄入青岛港海域,胶州湾及其附近 230 m 海岸被污染;1984 年巴西籍"加翠"油轮又在青岛胶州湾触礁,溢油近 8 000 t,再次严重污染青岛港海域;1999 年 3 月 24 日,中国船舶燃料供应公司福建公司所属油轮在广东珠海水域发生碰撞事故中,586 t 重油泄入海中,造成珠海海域严重污染,仅港澳两地的渔业损失就达 4 000 万元之多,珠海的旅游业也遭巨大损失。[①]

随着航运业和海洋开发的空前发展,海洋环境的污染越来越严重,船舶排入海洋及大气中的各种有害物质的数量也与日俱增。同时,船舶作为航运中的交通工具,也是一种流动污染源。船舶引起的海洋环境污染日益严重。人类对海洋环境的保护也日益重视。国际海事组织在 1973 年就制定了《国际防止船舶造成污染公约》,1978 年通过的议定书对其进行了修正,这就是众所周知的《MARPOL73/78 公约》。随着海洋污染的日趋严重和公众环保意识的不断增强,防止船舶污染的国际公约、国内外的法律法规日趋完善,标准越来越高,执行越来越严格,有关方面也采取了一系列科学有效的措施,限制船舶对海洋环境的污染。尽管如此,仍存在不规范操作管理和违章排放等现象,尤其是在国内经营或生产的民营个体船舶和一些老旧低标准船舶。船舶公司考虑更多的是在航行安全的前提下如何节约成本和增加效益,对船舶防污染方面的管理往往投入不足,这使得船舶污染事故时有发生,对海洋环境造成严重的威胁。

(二)船舶污染的类型

船舶海洋污染可分为油类污染、有毒液体污染、包装有害物质污染、生活污水污染、垃圾污染、大气污染、噪声污染、其他有害物质污染等,其中油类污染最为严重。船舶油污染是海洋环境污染的重要根源之一,对海洋环境构成了巨大的威胁。

(三)船舶污染的特征

船舶污染物质具有多样性。船舶污染主要是指船舶在航行、停泊、港口装卸货物的过程中对周围水环境和大气环境产生的污染,主要污染物有油类物质、散

---

① 黄前坚.船员管理与船舶防污染[C].中国航海学会航标专业委员会沿海航标学组、无线电导航学组年会暨学术交流会论文集,2009.

装有毒液体物质、包装有害物质、生活污水、船舶垃圾、船舶有害排气等,其中油类物质污染危害最为严重。

船舶污染具有流动性、无界限性。水的流动性、船舶的移动性决定了由船舶带来的污染物不可能局限或固定在某一点而静止不动,一次污染可能会波及多个地区,给污染的治理造成诸多不便。海洋污染持续性强,扩散范围大,具有国际性的危害。

二、我国船舶防污染管理现状存在的问题

(一)港口防污染工作不适合航运发展的要求

目前,我国许多港口的岸上污油水处理厂设备简陋,且负责污油水接收的清油队多为个体私营,其作业人员大多数没有参加过正规的专业技术培训,安全意识和技术素质较差,许多清油作业船消防设备和防污染器材不全,船舶和船员证书不齐,违章作业造成的污染时有发生,留下很大的隐患。

港口没有建立完善的溢油应急反应系统。从近年船舶污染事故分析来看,事故多数是碰撞、搁浅造成的,事故的趋势由外港向内港发展,事故频率越来越高,一旦发生污染事故,如不能迅速有效地控制和清除,将对港口及其附近地区构成很大的威胁。

港口污染事务处理率低。广州港的含油污水处理能力每年可达 18 万 t,但每年接收处理量仅有 8 000 多 t,污水处理设施利用率很低,每年有 7 万 t 船舶油污水由于船舶不愿意被接收的原因直接排入广州珠江河。污水处理设施没有充分发挥作用,处于半停顿状态。[①]

(二)防污染设备陈旧,跟不上防污染工作的推进

许多超龄船舶,比如国外淘汰的废旧钢船流入了国内航运市场。这类船舶设备陈旧,易发生污染事故。国内许多小型船舶也没有专用容器,其污油水和残油用潜水泵直接排入海中。油水分离设备是船舶的重要防污设备,但其经常被发现存在安装不规范,在出海管上有连接至其他泵浦(pump)的支管,出海三通截止阀装置不合公约的要求,未进行定期的检修保养、更换滤芯,排放达不到标准等问题。[②]

---

① 罗建中,盘秀珍,李德恭,等.船舶废弃物的污染控制和管理措施研究[J].船舶,2002,6(3):18－21.
② 郭剑雄.强化船舶防污染管理[J].中国水运,1998(12):29－30.

(三) 国内监督管理机关防污监督力度不够

(1) 法规不健全,有关船舶防污染的法律、法规除了《海洋环境保护法》外,其余都是比较零碎的管理规定和过时的条例。

(2) 监测、交通、通信、调查取证等监督管理手段落后。

(3) 监督管理人员的素质不适应航运新形势的要求,船舶危防监管工作牵涉的国际公约和法律法规比较繁杂,许多管理人员没有接受过比较系统的培训,对国际公约和国内法规的掌握都是零星的,对国内最新法律法规的追踪还能勉强跟上,但国际公约就比较困难。

(4) 国内法和国际公约也存在一些不适应的方面。国际海事公约在国内的适用,需要宪法予以明确规定,保证国际海事公约在我国的适用有充分的法律依据;我国海事立法相对滞后,法律、行政法规层面的框架没有形成,这制约了我国海事部门对违反国际海事公约的行为采取惩罚措施,也制约了国际海事公约在我国的适用;由于我国海事立法相对滞后,对违法国际海事公约行为惩处,必然牵涉对国际海事公约的引用,但在海事管理活动中,海事管理部门法律文书中能否直接引用公约的条文,哪些管理活动能够引用、哪些不能引用,公约条文的引用与国内法条文的引用如何衔接,这些都没有明确的规定,这都影响到国际海事公约在我国适用的效力。[①]

(四) 航运公司和船上工作人员防污意识不强

船上人员普遍对安全比较重视,因为涉及生命财产的安全,但对防污染工作普遍不重视,认为与己无关。于是,航运公司出于经济利益考虑,对防污设备、器材的投入较少,不愿为此花费钱财。

外籍船舶以及航行国际航线的国轮,多数能执行《MARPOL73/78 公约》的规定,给予接收船舶生活垃圾和缴纳船舶垃圾接收治理费。但国内航线的船舶,难以对其实行船舶垃圾接收管理工作,许多内港水域停泊的 5 000 t 以下的中小型船舶,甚至拒绝管理部门接收垃圾。有些船舶即使同意给予接收生活垃圾,但拒绝签单,无法对其收费;一些船舶违章排放垃圾物、垃圾等。

(五) 船舶人员弄虚作假,应付检查

船舶油类记录簿记载不规范或弄虚作假现象严重:比如船舶对 C 项残油收集处理的记录不规范,伪造记录,记录情况与船舶防止油污证书不符,各油舱的存油

---

① 于均鹏,娄林.谈国际公约在我国海事管理中的适用[J].中国水运(学术版),2007,7(6):248-249.

量、油舱编号记录不准确等。①

另外，油污应急计划的制订和落实存在不足，比如溢油应急演习未进行记录，记录的内容过于简单，伪造演习记录；与沿岸主管机关的通信不是最新的，公司制订人员已改变，但联系方式和电话未更改；船长对应急计划未进行很好的阅读、理解，对各种应急情况下的措施不熟悉，未定期组织船上人员对应急计划进行很好的学习，使应急计划起不到应有的指导作用；平常的演习走过场，在实操检查中，各责任人员对各自的职责不清，船长指挥不力，人员的组织迟缓等。

三、推进船舶防污染管理工作的对策建议

近年来航运市场持续繁荣，大量的老旧船舶超期服役，新船不断下水投入营运。船运公司犹如雨后春笋般纷纷成立。船员劳务市场供不应求且鱼龙混杂，职务晋升一快再快，合格的各级船员尤其是管理级船员异常短缺。这些都加剧了其与当前严峻的海洋环境污染状况间的矛盾，蕴藏着影响船舶安全和防污染工作的巨大隐患。船舶管理工作，尤其是防止船舶污染工作面临着严峻考验。做好船舶防污染管理工作，必须具备强烈的防污染意识，并且将其与我们日常的船舶管理工作有机地结合起来，才能够把各项防污染工作落到实处，杜绝污染事故的发生。

（一）强化防污意识，提升船员职业道德

据有关国际海事组织的不完全统计，船舶油污染事故的发生也和其他事故一样，80%以上是人为因素造成的。即便是不可抗力造成的污染事故，在进行科学的分析后也发现存在大量的人为因素。这与船员的防污意识淡薄、缺乏应有的职业道德有着重要的关系。有些船员对于海洋油污染的严重性和防止污染的紧迫性认识不足，防污意识淡薄；有些船员非常清楚油污染的危害性和造成油污染的严重后果，却漠视防止油污染的管理工作，缺乏应有的职业道德。这都会导致海上油污染事故的发生。因此，强化防污意识，提升船员的职业道德标准是亟待解决的首要问题。船舶管理人员、船长、轮机长应该首先牢固树立防污观念，保持高度的职业敏感，船岸共同利用好船员上船前培训和各类安全学习班培训以及船舶安全会等机会，通过分析油污案例及其所造成的危害，使大家充分认识到发生污染造成的严重危害，这样才能让大家在思想意识上产生强烈的共鸣，自觉主动地把防止油污染工作做好。

---

① 郭树义.从船舶防污转向检查谈船舶防污管理的现状[J].中国水运(理论版)，2007,5(8):27-28.

（二）将防污染意识与日常管理有机结合，有效防范和控制发生船舶油污染事故

如果船员具有强烈的防污染意识和良好的职业道德，就能够在日常操作、定期检查、日常维护保养等各个管理环节上时时、处处、事事关注防污染问题，也就能够有效地把防止污染与日常管理有机地结合起来，达到有效防范和控制船舶油污染事故的目的。

1. 防污染与日常操作有机结合

涉及可能发生油污的船舶日常操作主要包括：（1）加驳燃、润滑油的操作；（2）交岸污油水的操作；（3）污油水处理设备的操作；（4）日常测油量水的操作；（5）液压系统和设备的操作；（6）尾轴管润滑油系统和设备的操作；（7）抽排压载水和货舱污水的操作；（8）日常的检查巡视。

2. 防污染与定期检查有机结合

这里主要强调结构性的定期检查，在质量安全管理体系（QSMS）和工程生产管理系统（PMS）中都有严格的规定和要求。需要重点检查的部位主要包括：油、水之间的密封舱壁及其结构；设置在双层底油舱顶板内的货舱污水井的结构；油舱透气管、测量管、吊驳油管等，尤其是穿过压载舱、货舱空间的管路；穿过油舱、管隧的压载管系和货舱污水管以及穿过压载舱的燃油管系；通过压载舱的液压阀门的液压管系等。

3. 防污染与维护保养有机结合

将上述日常操作和定期结构性检查中发现的问题作为重点，及时安排维护保养工作，防止发生油污事故。

（三）船舶管理者不但自身要有强烈的防污意识，还应该积极地做好防止船舶造成污染的宣传和落实工作

在日常船舶管理工作中，船舶主管不但要加强督促船员做好上述预防性检查工作，而且还要利用登轮检查的机会亲自重点检查这些部位。对于存在污染隐患的问题要及时安排船员自修或对必要的岸上航修进行妥善处理。在安排船舶进场修理项目时更要抓住这个重点不放，认真、全面地做好工程勘验，在施工过程中作为重点项目监控，在验收工程时要作为重点项目来严格把关。

（四）要消除侥幸心理，提高人员素质，增强环保意识，要学法、懂法、守法

在信息科学技术突飞猛进的今天，卫星和信息传输技术已经能够很容易地捕捉到地球上任何角落的动态，有些港口在码头上都布置了摄像监控系统，船舶的一切外部活动已被尽收眼底。随着海洋环境的不断恶化，人类的环保意识逐年加

强,MARPOL 公约的部分附加条款提前实施,各国也纷纷制定更加严格的地方性防污法规,极力从立法的角度来保护自然环境。因此,我们必须学法、懂法、守法,否则将会受到法律的严厉制裁。

(五) 建立完善的监控系统,提高海上污染事故应急能力

随着我国管辖水域船舶数量的增加,水上防污染工作正面临着前所未有的压力和风险。目前,我国沿海各港口的应急能力不足以应对较大规模的污染事故,特别是对一些危险化学品在海上运输过程中可能发生的事故,缺乏必要的应急预案和应急设施。首先,应在我国沿海海域建立网络化的先进监视系统,能够及时发现沿海海域内船舶油污染事故,或某些船舶的超标和直接排放含油污水;同时,能够及时分析和判断船舶溢油事故的发生地点、规模,预测溢油的漂移、扩散速度和方向,从而为主管机关正确判断、科学决策提供可靠依据。加大故意排放油类物质的处罚力度,让违规成本大大提升,从而有效扼制船员的违章操作性排放。其次,有关安全管理部门应积极推进海上船舶污染应急预案的制定和应急反应体系的完善性建设,建立自上而下的海上应急预案体系,督促港口和船舶配备污染应急设备,整合好船舶污染事故应急反应资源,提升海上应急反应有效性,积极培养溢油应急力量,建立强大的溢油处置队伍,全面做好污染事故防备工作,确保在发生船舶污染后能够及时、有效地应对突发事故。

(六) 加强有关法规和知识的宣传教育

1995 年,国际海事组织(IMO)统计分析了全球范围内的海难事故(包括各类污染性很大的海运事故)要因,80%归结为船员的人为因素。[①] 究其根源,是船员的海运安全意识、海洋环境保护意识淡薄,综合素质不高,知识、能力缺失导致。因此,对船员的教育和培训必须强化各种国际公约和本国有关的法律法规意识,提高海洋环境保护意识,使广大船员充分认识海洋污染的危害性,让他们了解防止污染、保护海洋环境的重大意义。加强海洋防污知识和技术教育,结合专业课程渗透相关知识,以不断提高船员知识水平与能力,改善其知识结构,努力减少或避免人为因素造成的污染。

第五节　我国海洋环境管理的问题与改革

海洋环境管理是以政府为核心主体的涉海组织为协调社会发展与海洋环境

---

① 罗英.简论船舶对海洋的污染及防治[J].浙江国际海运职业技术学院学报,2006,3(1):12-15.

的关系、保持海洋环境的自然平衡和持续利用而综合运用各种有效手段,依法对影响海洋环境的各种行为进行的调节和控制活动。它包括三个要点:(1)海洋环境管理主要体现为国家采取的行政行为,或者是以政府和政府间的海洋环境控制活动为主体;(2)海洋环境管理的目标在于或主要在于维护海洋环境要素的平衡,防止和避免自然环境平衡关系的破坏,为人类对海洋资源和环境空间的持续开发利用提供最大的可能;(3)实现海洋环境保护的途径和手段是法律制度、行政管理、经济政策,包括科学技术手段以及国际组织、团体合作等控制体系的建立和运用。中国政府高度重视海洋环境污染的防治工作,采取一切措施防止、减轻和控制陆上活动和海上活动对海洋环境的污染损害。按照陆海兼顾和河海统筹的原则,将陆源污染防治和海上污染防治相结合,重点海域污染防治规划与其沿岸流域、城镇污染防治规划相结合,海洋污染防治工作取得了较大进展。然而我国海洋环境管理仍存在一些问题。

一、中国海洋环境管理存在的问题

(一)海洋生态环境管理混乱

海洋生态环境问题表现出显著的系统性、区域性、复合性和长期性特征。与20世纪80年代初相比,海洋生态环境问题无论是在类型、规模、结构还是在性质上都发生了变化。这不仅仅是排污总量增加和生态环境破坏范围扩大,而且是问题变得更加复杂,威胁和风险更加巨大,对生态系统、人体健康、经济发展、社会稳定乃至国家安全的影响更加深远,成为我国经济社会可持续发展、协调人与自然关系和平崛起的主要限制因素。因此,海洋生态环境的管理要从国家战略的角度进行重新定位,需要以海洋生态系统为出发点,统一规划、统一开发。

根据现行法规,海洋环境保护的管理工作由国家海洋局、国家环保总局、交通部、农业部、海事等部门以及沿海地方人民政府组织实施。各部门根据不同类型的污染源实施监督治理。尽管法律明确规定了涉海各部门的职权范围,但各部门职能交叉、机构重复设置的问题依然存在。而且海洋部门不上岸,环保部门不下海,机构与部门之间缺少协作。环保、海事、渔政、军队等环保部门共同参与海洋污染治理,互相扯皮的现象随之产生,影响了海洋环境污染的治理效果。

(二)海洋环境管理亟待加强

中国沿海地区人口增长迅速,经济发展十分迅猛,大量的工业废水和生活污水排放到海洋,农业面源污染和径流也将各类污染物和营养盐输送到海洋。各种海洋开发活动如围填海、海上油气开发、船舶运输等都增加了海洋环境压力。资源过度利用,尤其是过度渔业捕捞,进一步加剧了海洋生态破坏。海洋资源利用中存在的总体开发不足与局部开发过度的粗放型局面尚未得到改善。同时,由于中国仍处在发展的初级阶段,海洋资源开发利用程度不高,开发方式比较粗放。尤其是近年来出现的大规模围填海工程,只顾开发、忽略保护,只顾眼前、不顾长远的现象十分严重。这些问题都需要海洋管理部门给予高度的重视。

(三)海洋环境保护缺乏宏观规划和法规标准

重点海域环境保护缺乏宏观指导、协调和规划,导致重点海域的环境保护和整治无法有效开展,许多海洋环境保护措施无法有效落实。由于缺乏具体可操作性的海洋环境保护法规及技术标准,在海洋环境保护上管理依据不足,监测和评估规范化不强,难以建立实施有效的海洋环境监管、监测和评价体系。

(四)海洋环境保护资金与技术短缺

国家在海洋环保工作中的资金投入尽管逐年增加,但是与海洋环境保护的实际需求相比差距还很大,这导致重点海域整治修复滞后,海洋环境监测管理体系能力薄弱,用于海洋生态建设的投资比例更少。当前还缺乏许多先进适用的海洋环境保护、监测和评估的科学技术,从事该领域的专业技术人员也十分短缺。目前海洋应急管理工作组织管理不到位、财政保障不到位、能力建设不到位、整体能力薄弱的问题依然存在。海洋环境监测体系尚不完善,地方监测能力尤其是地级市以下的监测机构总体能力薄弱,不能满足海洋环境保护工作的需要。各地的监测工作地方特色不明显,服务能力和水平仍需进一步提高。

(五)监督管理机制亟待完善

海洋环境保护缺乏综合协调和联合执法的机制和手段,致使许多跨行政区域、跨行政部门的海洋环境保护问题难以解决。在海洋环境管理中,区域利益、地方利益和部门利益仍无法有效协调,加剧了环境保护监管的难度。充分发挥行政管理手段、经济手段、市场化手段的多种措施并举还不够,基层公众和非政府组织参与多种措施并举还不够,基层公众和非政府组织参与海洋环境保护的作用尚未有效发挥。

(六)海洋生态系统恢复滞后

海洋生态保护包括濒危物种及其环境保护、受威胁的海洋生态系统保护、海洋渔业资源保护。建立海洋自然保护区和海洋特别保护区是保护濒危物种及其生境和受威胁的海洋生态系统的主要手段。目前,中国自然保护区存在的最大问题是"建而不管,管而不力",自然保护区是濒危物种的最后栖息地,是有效保护特有生态系统的最后机会,自然保护区管理工作的重要性必须得到更为广泛的重视和加强。

相对于生态系统保护工作来说,受损生态系统的修复工作还处于刚起步阶段。如国内渔业资源的保护和修复、对红树林生态系统的恢复、受损珊瑚礁修复、被严重污染的河口港湾的综合整治等虽得到重视,但大多数还处于探索研究阶段。

二、中国海洋环境管理的对策和措施

(一)树立和落实科学的发展观,大力发展循环经济

坚持以人为本,全面、协调、可持续的发展观,从生产、消费、回收等环节,从工业、农业、服务业等领域,从城市、农村等区域探索和实现循环经济模式。提高资源和能源的利用效率,最大限度地减少废物排放。着手制定绿色消费、资源循环再生利用以及家用电器、建筑材料、包装物品等行业在资源回收利用方面的政策和法律、法规;建立健全各类废物回收制度等;建立绿色国民经济核算制度,并将其纳入国家统计体系和干部考核体系。海洋环境保护的一切政策措施必须符合科学的发展观要求。

(二)加强中国的沿海和海洋环境保护法制建设,制定海洋经济发展与环境保护的宏观政策

鉴于海岸带环境管理等方面存在着立法空白,有些法律内容还需要补充和修改,有法不依、执法不严的现象依然存在,因此,继续加强沿海和海洋环境保护法制建设,以及完善《海洋环境保护法》的配套条例、办法、规定、标准仍是一项重要的任务。只有不断完善涉及保护海洋环境的相关的环境法律、法规标准,严格执法程序,加大执法力度,才能保证环境法律、法规的有效实施。

此外,国家应进一步加强海洋环境的监测与评价,逐步建立海洋环境宏观调控机制,实施海洋生态环境分类管理制度。对各类典型珍稀的海洋生态区域实行严格保护与生态涵养相结合的环境政策,对脆弱敏感的海洋生态区域实行限制开发与生态保护相结合的环境政策,对已受损破坏的海洋生态环境实施生态建设与综合整治相结合的环境政策,对全海域的海洋生态环境实行综合管理与协调开发相结合的环境政策。以科学发展观为指导,对海洋经济发展和环境保护实施协调管理。

(三)控制陆源污染物排海

继续抓紧沿海地区生活污水、工业废水处理设施建设,新建污水处理厂应有脱氮、脱磷工艺,现有污水处理厂要创造条件提高脱氮、脱磷效率。严格审批沿岸

入海排污口,对不符合海洋功能区划和环境保护规定要求、污染严重的排污口要限期整改。加快沿海陆域内污染企业的整顿步伐,淘汰落后的生产工艺和设备,限期关闭污染严重的企业。新建项目必须依据海洋环境保护法执行环境影响评价制度和"三同时"制度的规定,大力推行清洁生产。重视农业面源污染的治理,发展高效农业和先进的施肥方式,降低化肥、农药使用量。

(四)制定实施重点海域环境保护规划

国家海洋局已经组织制定《重点海域海洋环境保护规划》以及一系列区域海洋环境综合整治规划,包括"渤海综合整治能力建设项目""长江三角洲近海海洋生态建设行动计划"等。海洋环境综合整治的主要内容包括:实施以污染物排海总量控制制度为基础的综合污染防治对策;实施以海洋保护区和生态建设为基础的综合海洋生态保护对策;实施以强化海洋监测和防灾减灾能力为基础的海洋环境监测预报体系建设对策;实施以加强海洋工程、海洋倾废为基础的海洋环境保护行政管理对策等。

(五)加强海洋环境监测和能力建设

在现有的全方位立体监测的基础上,中国将进一步加大海洋环境监测力度,制定海洋监测发展规划,优化完善监测网络,加强监测机构能力建设,按照统一监测方案和技术标准,明确划分监测责任区,组织开展海洋环境监测,提高海洋环境评价水平。针对当前海洋环境存在的主要问题,进一步加大入海排污口、滨海旅游度假区和典型海洋生态脆弱区的监测力度。加强信息化建设,建立信息共享机制,增强环境监控和综合管理决策能力。按照统筹协调、信息共享的原则,建立国家海岸带和海洋环境监测信息网络以及环境监测信息共享和统一发布机制,加强环境监测计划的协调,盘活信息资产,节省国家投资,提高国家宏观决策水平。

(六)建立有效的区域性共同防治污染机制

海洋、海岸带环境保护是一项跨地区、跨部门、跨行业的综合性工作,需要有关部门和地方政府共同努力,建立区域性共同防治海洋环境污染的协调机制,开展区域性环境科学研究,制定污染防治的区域法规、条例、污染控制标准以及共同防治污染的措施。通过区域环境合作机制协调解决海岸、海域和流域间重大环境问题。

(七)完善税费政策,建立生态补偿机制

调整污水处理费、垃圾处理费等相关的收费政策,适应市场化的发展趋势。制定有关船舶油污强制保险和油污赔偿基金制度。为解决当前违法成本低、守法

成本高的问题,也需制定相应的经济政策和法律手段。从国家、区域和产业三个层面建立生态补偿机制。

(八) 发展促进海洋环境保护科学技术政策

依靠科技进步解决当前面临的核心技术问题。当务之急是要发展海洋环境容量测算、环境监测、海洋环境保护综合规划、碧海行动计划制订、海岸带综合管理、典型海洋生态系统修复等技术。吸收国际上最新的海岸带和海洋生态环境科学理论、先进经验和技术,结合中国实际情况,建立环境监测、科学研究和政策制定的综合体系,以便制定能够更有效地改善海岸带和海洋生态环境的环境政策和措施。

第 三 章

海洋环境保护

第一节　退化海洋环境的生态修复

随着我国经济、社会的迅速发展,海洋环境污染越来越严重,同时无度、无序和不负责任的开发利用,导致海水水质下降、海洋资源严重破坏,海洋生物多样性降低,赤潮等海洋灾害频发,海洋生态环境退化,海洋生态系统功能严重衰退。为此必须加强对退化海洋环境的生态修复工作。

一、海洋生态环境退化概述

海洋生态系统是海洋中由生物群落及其环境相互作用所构成的自然系统。随着海洋资源的深度开发与利用,海洋环境问题日益严重。全球气候变化带来的海平面上升风险、海洋资源开发带来的海洋生物多样性锐减风险、海岸带大规模非常规开发带来的陆域近岸环境污染风险,以及海洋空间利用带来的海洋生态服务功能的退化风险等,都严重威胁着海洋生态系统的健康和海洋资源的可持续利用。生态系统退化,是指生态系统在自然或人为干扰下形成的偏离自然状态的现象。与自然系统相比,退化生态系统的生物种类组成、群落或系统结构改变,生物多样性减少,生物生产力降低,土壤和微环境恶化,生物间相互关系改变。退化生态系统形成的直接原因是人类活动,部分原因来自自然灾害,有时两者叠加发生作用。生态系统退化的过程由干扰强度、持续时间和规模所决定。海洋生态环境退化主要表现在海洋生态系统退化。它是指海洋生态系统在自然或人为干扰下形成偏离自然状态的现象。

(一)海洋生态退化与退化海洋生态系统

海洋生态退化包括海洋生态要素退化和海洋生态系统退化两个层次,根据退化生态系统的概念,退化海洋生态系统是指在自然或人为干扰下形成的偏离自然状态的海洋生态系统。(见图 3－1)

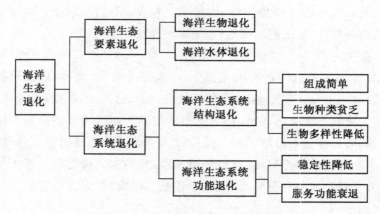

图 3 - 1　海洋生态退化的内涵与层次

（二）海洋生态系统退化的原因

引起海洋生态系统退化的原因主要包括两类：（1）人类活动的影响，包括海洋渔业捕捞、海水养殖、外来种的引进、生物栖息地的改变和破坏、各种形式的污染以及海洋污染修复过程中化学修复剂使用不当造成的海洋第二次污染等；（2）自然因素影响，即海洋地质、地貌、水文因素、气候因素以及海洋自然灾害等因素。从海洋环境科学角度来讲，根据引起海洋生态退化的原因可将海洋生态退化分为非污染生态退化和污染生态退化两大类。

（三）海洋生态环境系统退化的表现

海洋生态系统是全球生态系统的重要组成部分，其丰富的资源和巨大功能为人类的生存发展和社会进步提供了强有力的必要支持。在全球生态系统所提供的服务中，有 63.0% 来自海洋，37.0% 来自陆地。随着全球人口数量的增加和对食物需求的增多，海洋和其他生态系统一样承载着越来越大的压力。特别是人均资源使用量和沿海居住人口的增加，直接导致了对海洋生态系统的负面影响，严重威胁着海洋生态系统的环境和资源，并造成生境改变、资源过度利用、污染、外来种入侵、富营养化和生态突变等后果。海洋生态环境系统的退化主要表现在如下方面：

1. 水质和底质质量降低

所谓水质和底质质量降低是指海水水质严重偏离正常的海水质量，如溶解氧降低或枯竭，各种营养盐、各种有毒污染物和溶解有机物质严重超标，海水 pH 剧烈转变，沉积物氧化还原电位改变等。国家海洋局对全国入海排污口的监测结果显示，前几年全国排海的主要污染物总量约 $1\ 219 \times 10^4$ t，而在三省一市（江苏、浙江、福建和上海)178 个入海排污口中,有 87% 存在超标排放现象。在这样的环境中,海洋动植物存活、生长更加艰难,生物多样性难以为继。[①]

2. 生境丧失

由于海洋生物栖息的各种生境丧失(特别是滩涂、海湾、海底森林等重要生境),海洋底质组成与状态改变,海水物理状态(例如透明度)改变,致使产卵场、索饵场、越冬场受到严重破坏甚至消失,海洋生物的生命活动受到严重影响。近年来滩涂围垦、港口建设等沿岸工程和近岸海水养殖活动造成的底质条件改变,使得近岸原本水质优良的产卵场、育肥场增养殖功能丧失,鱼类等海洋生物只好到更远的地方寻找产卵场和育肥场,成活率很低。目前,东海近海区底栖生物平均每平方米只有不足 1 g。

3. 海洋生物退化和消失

海洋生物质量降低,体内污染物质含量增多,物种退化,表现在生物个体变小,性成熟提前,个体数减少;大量海洋物种消失,海洋生物物种结构失调,致病生物增多;严重者导致海洋荒漠化发生。根据渔政部门的逐年监测,最近十几年来,东海区捕捞上岸的鱼类以当年生的为主,2 龄以上鱼类占经济鱼类比例不足1/10。

4. 海洋生物多样性降低

各种海洋生物(包括微生物、浮游生物、底栖植物、底栖动物、游泳动物等)退化,导致海洋生物多样性降低,食物链缩短、渔业资源衰退。

5. 海洋生态系统功能降低

海洋物种消失和生境的丧失导致生态系统结构受到破坏,从而影响到海洋生态系统物质循环、能量流动和信息传递,海洋生态系统的功能降低。

二、退化海洋环境的生态修复

自工业革命以来,伴随人口的增加,世界各地都出现不同程度的生态环境退化现象,人类面临着保护、恢复和修复生态环境的挑战。生态恢复,是指恢复被人类损害的原生生态系统的多样性及动态的过程。生态修复,是指通过人工干预的方法,参照自然规律,创造良好的环境,恢复天然健康的生态系统,主要是重新创造、引导或加速自然深化过程。海洋生态修复是指利用大自然的自我修复能力,在适当的人工措施的辅助作用下,使受损的生态系统恢复到原有或与原来相近的结构和功能状态,使生态系统的结构、功能不断恢复。按照生态修复措施的人工

---

① 夏章英,等.海洋环境管理[M].北京:海洋出版社,2014.

干扰程度,一般将海洋生态修复划分为三大类即自然生态修复、人工促进生态修复及生态重建。自然生态修复是利用相应的措施消除压力,降低生态系统退化的速度,从而使生态系统恢复。人工促进生态修复是在生态系统自我修复能力的基础上,结合物理、化学、生物等人为干扰措施促进生态系统的恢复。

当生态系统完全退化或丧失时,采用相应的措施重建新的生态系统的过程叫作生态重建,这也包括重建某区域没有的生态系统的过程。生态修复是生态系统自我恢复、发展和提高的过程,在生态修复中,生态系统的结构及其群落由简单向复杂、由单功能向多功能转变。生态修复并不是对某个物种的简单修复,而是对生态系统的结构、功能、生物多样性和持续性等进行的全面有效的恢复,因此生态修复过程应该尽可能地减少人为的干扰措施,让生态系统的自然调节、恢复和进化功能充分发挥。

(一)生态修复的基本原则和操作程序

退化生态系统的恢复与重建是在遵循自然规律的基础上,通过人类的作用,根据技术上适当、经济上可行、社会能够接受的原则,使受害或退化生态系统重新获得健康并有益于人类生存与生活的生态系统重构或再生过程。生态恢复与重建的原则一般包括自然原则、社会经济技术原则和美学原则等三个方面,一共 30 条基本定律、原理和原则(详见表 3-1)。自然原则,是生态修复与重建的基本原则,只有遵循自然规律的修复重建才是真正意义上的修复重建;社会经济技术原则,是生态修复的基础,在一定尺度上制约着修复的可能性、水平和深度;美学原则,是指退化生态系统修复重建应给人们以美的感受,并保证对健康有利。生态修复与重建技术方法的选择要求:在遵循自然规律的基础上,根据自然原则、社会经济技术原则、美学原则这三个方面,选择技术适当、经济可行、社会能够接受的生态修复方法,使退化生态系统重新获得健康并为人类提供必要的服务。

表 3-1 生态修复原则[①]

自然原则	地域性原则	区域性原则
		差异性原则
		地带性原则

---

① 夏章英,等.海洋环境管理[M].北京:海洋出版社,2014:184-185.

续表 3-1

自然原则	生态学原则	主导生态因子原则
		限制性与耐性定律
		能量流动与物质循环原则
		种群密度制约与物质相互作用原则
		生态位与生物互补原则
		边缘效应与干扰原则
		生态演替原则
		生物多样性原则
		食物链与食物网原则
		缀块—廊道—基底的景观格局原则
		空间异质性原则
		时空尺度与等级理论原则
	系统学原则	整体原则
		协同恢复重建原则
		耗散结构与开放性原则
		可控性原则
社会经济技术原则	经济可行性与可承受性原则	
	技术可操作性原则	
	社会可接受性原则	
	无害化原则	
	最小风险原则	
	生物、生态与工程技术相结合原则	
	效益原则	
	可持续发展原则	
美学原则	景观美学原则	
	健康原则	
	精神文化原则	

（二）退化海洋环境的生态修复方法①

由环境污染、生境破坏等因素导致的退化海洋生态环境,在自然条件下可以通过海洋生态系统的自我调节机制慢慢自然恢复,但自然恢复速度极为缓慢,因此,常用的方法是进行人工生态修复。具体做法如下:

1. 减少污染物入海量,改善水质

海洋环境污染导致海域水质退化,是海洋环境退化的主要原因之一。根据国家海洋局公布的数据,2009 年监测的排污口中 73.7% 的入海排污口超标排放污染物,主要超标污染物(或指标)为磷、悬浮物、化学需氧量和氨氮等,这导致近海海域严重污染。各种污染物进入海洋,极大影响海洋环境中的各个生态因子,使生态系统结构和功能受损。特别是在长江口、黄河口、珠江口等领域,由于其流域中进入大量污染物,这些海域呈现严重污染状态。因此,要修复退化的海洋生态环境,首要问题是减少污染物入海量,使入海污染物总量低于海洋环境容量,改善水质,通过海洋生态系统的自身修复机制,辅以其他修复手段,恢复海洋生态系统健康。

2. 生态修复

生境是指具体的生物及其群体生活的空间环境,包括该空间环境因子的总和。由于人类活动的破坏和干扰,原来连续成片的生境被分割、破碎,形成分散、孤立的岛状生境或生境碎片的现象称为生境碎片化。这意味着生态系统空间异质性的降低和生物多样性的减少,结果导致生态系统不稳而退化。常见的海洋生态环境破碎化表现在如下方面:

（1）海水空间的减少和海水质量的退化。由海洋污染和海水富营养化、近海工程引起的海水动力条件的改变、河流入海径流降低、达不到河口水域的生态需水量等因素引起。

（2）近海水域、滩涂、红树林丧失。主要由海洋围垦、沿海工程、海水养殖活动引起。

（3）海草床和海藻床退化消失。影响因素:海水富营养化导致透明度降低,使海底生活的海藻和海草得不到充足的光线;海水富营养化还会引起浮游生物大量繁殖从而影响到底生的海藻、海草的生长;海洋渔业和其他人类活动;地震、台风、海啸等自然因素;海底动物的利用过度和竞争。

（4）海底状态的破坏。海洋渔业活动(如底拖网)、海底工程、采砂等。

---

① 夏章英,等.海洋环境管理[M].北京:海洋出版社,2014:185-187.

因此,可以针对生境丧失和破碎化的原因,采取相应的措施,对生境进行修复。主要方法有:控制污染,提高海水水质,保护海洋环境;拆除相关工程设施,禁止违法海底作业;通过海洋生物保护和移植进行生物修复;人工鱼礁建设。

3. 生物修复

它是指利用某些特定生物在一定条件下对环境中污染物的吸收、降解和转移等作用,达到减少或最终消除环境污染,使受损生态系统得以修复的过程。生物修复可分为原位生物修复和异位生物修复两类。原位生物修复是指在污染处就地进行生物修复处理,修复过程主要依赖土著生物或外来生物的降解富集能力。异位生物修复是指将污染的介质(土壤、水体、空气等)转移到异处进行生物修复处理,一般适用于污染严重、介质易搬运的情况。按照所操作的生物不同,可分为微生物修复、植物修复、动物修复和综合修复。

三、我国典型海洋生态系统修复的实例

我国海洋生态修复的研究主要集中于红树林修复、富营养水体污染生态修复及少量滨海湿地、海岸沙滩修复工程等。与相关国家相比,国内海洋生态修复的研究还比较薄弱,主要表现在以下两个方面:(1)从研究对象上看,主要集中在红树林种植、污染水体的修复,而对其他海洋生态系统类型、生态问题的修复研究比较少;(2)从生态修复的尺度来看,主要集中于对单个生态系统、群落或物种的修复,目前尚未开展对区域或大尺度的海洋生态修复的研究与实践活动。[①]

(一) 红树林生态修复

由于人为的干扰和破坏,我国红树林面积锐减,残存的红树林中有许多处于退化状态。1956 年我国的红树林面积为 4 万～4.2 万 hm^2,1986 年锐减为 21 283 hm^2,到了 90 年代初仅余 15 122 hm^2。[②]

近年来,红树林的保护得到了足够的重视,国家相继建立了多个红树林自然保护区,如深圳福田国家自然保护区、淇澳红树林保护区、湛江红树林国家级自然保护区等,相继种植了大面积的红树林,截至 2001 年我国的红树林恢复至 22 024.9 hm^2。但是,我国红树林的人工种植仍然存在不少问题,主要是造林成活率低下,如福建省同安县 1961 年人工造红树林 824 hm^2,5 年后成活率只有 31.2%;浙江省温州地区 1958～1966 年人工引种红树林 533 hm^2,成活 300 hm^2,

① 姜欢欢,等.我国海洋生态修复现状、存在的问题及展望[J].海洋开发与管理,2013(1).
② 范航清,何斌源.北仑河口的红树林及其生态恢复原则[J].广西科学,2001,8(3).

但由于人为破坏和自然灾害的因素,最终存活不到 1.6%。[1]

红树林生态修复是我国海洋生态修复研究与实践较多的生态修复类型之一,在生态修复技术上已有较为成熟的经验,但仍缺乏系统的研究,其存在的问题主要有:红树林修复项目的目标不明确,即使制定了修复目标,但大多仅是定性描述,在实施过程中,无法评估生态修复的效果;开展的相关生态修复工程对生态环境产生一定的影响,跟踪监测和评价工作不能及时开展,从而难以判断红树林生态修复的过程是否与生态修复目标相一致;国内大多认为要靠人工种植红树林的方式达到生态修复的目的,却忽略了红树林的自然修复。因此,在生态修复方案设计过程中,应分析红树林自然修复的可行性,不能一味地进行人工红树林的种植。

(二)滨海湿地生态修复

近年来,我国滨海湿地的保护和恢复受到越来越多的关注,相关的实践研究逐渐增多。李甲亮等综述了滨海区污水人工湿地处理对滨海湿地生态系统的修复研究,即人工湿地处理去除 BOD(生化需氧量)、氮、磷等污染物,通过形成淡水帷幕控制海水入侵危害[2]。刘荣成等提出了泉州湾滨海湿地生态恢复的有效措施,即恢复红树林植被、保护水禽栖息环境、建立湿地自然保护区及加强污染治理等,并提出滨海湿地生态重建的对策[3]。杨静等指出影响七里海潟湖演变的主要因素,并认为拆除七里海防潮闸堤、恢复七里海潟湖水面、加强保护区的建设、发展旅游观光业和新型农业是七里海潟湖生态修复的重要措施[4]。张婧分析了胶州湾娄山河口湿地的生态破坏状况及其附近海域污染物的排放和白泥淤积的分布现状,从清除淤积和治理污染两个角度分别制定了生态修复方案[5]。

总体上看,我国滨海湿地的修复研究与实践尚处于起步阶段,尤其尚未开展较大尺度的滨海湿地修复项目,缺少实践验证。

(三)富营养化海湾水体生态修复

随着沿海地区社会经济的发展,城市化和工业化进程不断加快,陆源入海污染源、海上污染源使沿海区域水体受到严重污染,造成水质恶化,尤其是营养盐负

---

① 彭逸生,周炎武,等.红树林湿地恢复研究进展[J].生态学报,2008,28(2).

② 李甲亮,王琳,任加国,等.污水人工湿地处理对滨海生态系统修复研究进展[J].地质灾害与环境保护,2005,16(3):191-195.

③ 刘荣成,洪志猛,叶功富,等.泉州湾洛阳江滨海湿地的生态恢复与重建对策[J].福建林业科技,2004,31(3):75-79.

④ 杨静,曾昭爽.昌黎黄金海岸七里海潟湖的历史演变和生态修复[J].海洋湖沼通报,2007(2):34-39.

⑤ 张婧.胶州湾娄山河口退化滨海湿地的生态修复[J].中国海洋大学学报,2006(3).

荷的增加造成水体富营养化。国内外开展了许多海域富营养化修复的理论与实践研究工作,修复技术包括了物理、生物、化学等手段,主要集中在大型海藻对水体富营养化的研究,藻类的去除与其生长的控制措施是富营养化水体修复研究的重点。近年来,我国学者也开展了很多水体富营养化的修复研究,并进行了海藻吸收营养盐的试验,黄道建等通过比较几种大型海藻在生长旺盛时期体内的总氮和总磷含量,筛选出石莼和羽藻作为近海富营养化水体环境修复的优选海藻[①];徐永建等在福建东山岛开展了网箱养殖区富营养化的植物修复研究,在两个网箱养殖海区利用龙须菜进行修复研究[②];林贞贤等综述了规模化栽培大型海藻对富营养化海湾生物修复的研究[③]。

(四) 海岛生态修复

近年来,我国对海岛生态修复开展了一些研究与实践,例如南澳岛生态修复、厦门猴屿生态修复等,其中南澳岛生态修复研究较为系统,其中涉及了外来入侵种控制、植被修复、海岛土壤修复等方面。任海等从海岛的干扰、海岛恢复的限制性因子、恢复的利益等方面较系统地阐述了海岛恢复的理论[④]。廖连招通过对厦门无居民海岛猴屿的生态退化诊断和生态修复制约因子分析,提出了生物与工程技术相结合的生态修复措施[⑤]。周厚诚等采用时空互代法研究南澳岛植被恢复过程中不同阶段土壤变化,结果表明,南澳岛在植被恢复过程中土壤结构和营养得到改善[⑥]。李萍等通过在南澳岛建立次生草坡对照及草坡种植试验样地,观察群落植物多样性、土壤肥力及生物量变化,探讨海岛退化草坡的植被恢复过程[⑦]。虽然我国对海岛生态修复的研究取得了一定的成效,但是相关的研究主要集中在对本地物种(尤其是植被)的修复,而对于外来物种入侵等其他生态问题修复的研究相对薄弱。

---

①　黄建道,黄小平,岳维忠.大型海藻体内 TN 和 TP 含量及其对近海环境修复的意义[J].台湾海峡,2005,24(3):316-321.

②　徐永建,钱鲁闽,焦念志.江蓠作为富营养化指示生物及修复生物的氮营养特性[J].中国水产科学,2004,11(3):276-280.

③　林贞贤,汝少国,杨宇峰.大型海藻对富营养化海湾生物修复的研究进展[J].海洋湖沼通报,2006(4):128-134.

④　任海,张倩媚,李萍,等.海岛退化生态系统的恢复[J].生态科学,2001,20(1):60-64.

⑤　廖连招.厦门无居民海岛猴屿生态修复研究与实践[J].亚热带资源与环境学报,2007,2(2).

⑥　周厚诚,任海,等.南澳岛植被恢复过程中不同阶段土壤的变化[J].热带地理,2001,21(2):104-108.

⑦　李萍,黄钟良.南澳岛退化草坡的植被恢复研究[J],热带地理,2007,27(1):21-24.

（五）沙滩修复

我国的大陆海岸线长 1.8 万余 km,沙砾质海岸相对较少。沙砾主要来自河流、海岸和海岛的侵蚀,波浪冲击作用引起沿岸漂沙,加上河水流动与潮流的作用使沙滩泥沙保持了平衡。但是,由于人类活动的不断加剧,我国海滩严重侵蚀,王颖等按海面上升 50cm 对我国东部重要海滨旅游海滩影响的理论计算表明:自然淹没和海滩侵蚀的累计损失率最高达到 59.6%,平均为 23.9%,其中海南岛大东海、亚龙湾和三亚湾 3 个旅游海滩的损失率平均为 36.5%,海岸线后退 16.7 m,海滩在自然淹没、海岸侵蚀的影响下损失的总面积达 1 091 583 m^2。[①]

我国海岸沙滩的修复研究起步较晚,最早的海滩修复在香港南岸浅水湾,1990 年,香港岛南岸的浅水湾进行了填沙补滩工程,以扩大海滩宽度,共填沙 20 万 m^3,来自于 16 km 以外的海底,挖沙后,用海底管道输至浅水湾。

目前我们研究的内容主要涉及沙滩修复选址、海岸沙滩修复的技术等,对于海岸沙滩修复的跟踪监测、沙滩修复的生态影响、成效评估等研究较为薄弱。

（六）珊瑚礁生态修复

2004 年的世界珊瑚礁调查报告中指出全世界有超过 20% 的珊瑚礁被彻底破坏,并且没有进行积极有效的珊瑚礁生态修复工作,因此珊瑚礁的修复成为我们关注的问题之一。当前,主要通过珊瑚移植、人工造礁、底质稳固、幼体附着等方式完成珊瑚礁的修复,其中珊瑚移植是修复珊瑚礁的主要手段。

与国际上的珊瑚礁修复研究相比,我国尚处于起步阶段。目前,我国对珊瑚礁的保护主要体现在珊瑚礁保护区的建立,如海南三亚珊瑚礁自然保护区、福建东山珊瑚礁自然保护区、广东徐闻珊瑚礁自然保护区等。1995 年陈刚在三亚海域对造礁石珊瑚进行了移植实验,这是我国最早的珊瑚礁恢复性研究。此后,中科院南海海洋研究所和中国水产科学研究院南海水产研究所于 2006 年和 2007 年成功地对大亚湾的珊瑚礁进行了移植。[②] 全球珊瑚礁生态系统的衰退以及珊瑚礁自然恢复需要很长时间,目前几乎没有珊瑚礁的修复程度能达到按照结构和功能恢复的最终成效。[③]

---

① 王颖,吴小根.海平面上升与海滩侵蚀[J].地理学报,1995,50(2):118-127.
② 李元超,黄晖,等.珊瑚礁生态修复研究进展[J].生态学报,2008,28(10):5 047-5 054.
③ 李洪远,鞠美庭.生态恢复的原理与实践[M].北京:化学工业出版社,2004.

第二节 海洋生物多样性的保护

地球表面是由海洋和陆地组成的,海洋占地球表面积的70％以上。海洋是生命的摇篮,原始的生命就在海洋里孕育、成长和进化,并继续滋育着众多的海洋生物。海洋是一个生机勃勃的世界,很难准确推测海洋中究竟有多少生物。对海洋的不断探索常常发现一些新的物种。据估计,生活在海洋里的动物超过15万种,海洋中藻类有1万种以上。这些数字显示了生物的多样性。生物多样性是地球上的生命长期进化的结果,也是全人类共同的财富。

一、我国海洋生物多样性概述

生物多样性是生物及其环境形成的生态复合体以及与此相关的各种生态过程的综合,包括动物、植物、微生物和它们所拥有的基因以及它们与其生存环境形成的复杂的生态系统。[①] 生物多样性是人类社会赖以生存和发展的基础,保护生物多样性、保证生物资源的永续利用是一项全球性任务,也是全球环境保护运行计划的重要组成部分。

海洋是生物多样性的宝库,其为人类提供物质的最主要表现是海洋生物资源,它们具有现实或潜在的价值。首先它们是人类重要的食物来源,每年为全球人类提供了22％的动物蛋白,此外许多海洋生物还具有重要的药用及工业价值。因此,海洋生物多样性是人类生存与可持续发展的重要物质基础和实现条件之一,保护海洋生物多样性就是保护海洋生物资源和人类的生存环境。[②]

二、我国海洋生物多样性面临的主要威胁

虽然我国具有海洋生物丰富多样性的天然优势,然而近年来随着沿海地区经济建设的不断发展,资源开发与环境保护之间的矛盾日益凸显,海洋及海岸带地区受到的压力不断加重,海洋生物多样性持续受到威胁。研究显示,截至2015年,全国海岸带及近岸海域生态系统已经出现了不同程度的脆弱区,区内海洋生物多样性受到了严重的破坏。目前我国海洋生物多样性面临的主要威胁来自海洋环境污染等。海洋生态系统的生物多样性维持服务为人类保存了海洋生态系统的组分及其生态功能,保障了海洋生态系统服务的提供。但是随着人类开发利

---

① 蒋志刚,马克平,韩兴国.保护生物学[M].杭州:浙江科学技术出版社,1999.
② 马程琳,邹记兴.我国的海洋生物多样性及其保护[J].海洋湖沼通报,2003(2):41－47.

用海洋活动的日益加剧,海洋生物多样性的维持功能被逐渐破坏。

(一) 生境的破碎与栖息地的丧失

我国经济发达地区大多集中在沿海,随着城市化的逐渐发展,土地资源日益紧缺,围填海日益成为区域城市发展的重要手段,这是造成我国海岸带生境破坏的主要原因之一。此外,湿地的开发利用、海洋及海岸工程或人工构造物的开发建设以及港口航运等活动也在不同程度上改变了海洋生物栖息环境,例如由于滩涂围垦,我国的红树林资源下降了约 2/3,直接造成了国家级保护动物海狗(Callorhinus ursinus)、绿海龟(Chelonia mydas)的栖息和繁殖场地遭到破坏[1],生境破碎与栖息地的丧失对海洋生物多样性构成直接的威胁。

(二) 海洋环境污染

人类的生产生活将大量污染物排入海中,对海洋生态系统造成了严重的冲击,同时引起赤潮等多种海洋环境灾害,对海洋生物多样性造成直接或间接的破坏。我国 2015 年的监测结果表明,实施监测的河口、海湾、滩涂湿地、珊瑚礁、红树林和海草床等海洋生态系统中,处于健康、亚健康和不健康状态的海洋生态系统分别占 14%、76% 和 10%;排污口邻近海域水体中的主要污染要素为无机氮、活性磷酸盐、化学需氧量和石油类,个别排污口邻近海域水体中重金属、粪大肠菌群等含量超标,82% 的排污口邻近海域的水质不能满足所在海洋功能区水质要求。[2]

(三) 渔业资源的不合理开发

对于海洋渔业资源的长期过度捕捞导致了我国渔业资源发生明显衰退,渔获物结构组成发生显著改变,海洋生物多样性遭到破坏。尤其是 20 世纪 90 年代以来,海洋捕捞业效益呈明显下降趋势,资源衰退更为严重。20 世纪 70 年代底拖网渔获组成中,经济渔获物占 60%～70%。1973 年和 1983 年的调查显示,经济种类渔获量分别占总渔获量的 68% 和 66%;1997～2000 年的调查结果表明,经济种类生物量仅占总生物量的 51%,并主要由年龄不满 1 周岁的幼鱼组成。[3]

此外,养殖渔业的无序开展也是造成我国海洋环境退化、天然物种基因库丧

---

① 陈清潮.中国海洋生物多样性的现状和展望[J].生物多样性,1997(2):142-146.

② 国家海洋局.2015 年中国海洋环境状况公报[EB/OL].(2016-04-08)http://www.soa.gov.cn/zwgk/hygb/zghyhjzlgb/201604/t20160408_50809.html.

③ 贾晓平,李永振,李纯厚,等.南海专属经济区和大陆架渔业生态环境与渔业资源[M].北京:科学出版社,2004.

失的重要原因之一。我国已成为世界最大的水产养殖国,然而在养殖开发活动中,由于科学养殖技术和环境保护意识不够普及,存在大量不合理的养殖布局和养殖模式,破坏了海洋生境与海洋生物多样性。海水养殖对海洋环境及生态系统的影响主要可分为两方面:一方面是改变水环境,污染来自于营养物质、养殖药物的投放以及底泥的污染物富集;另一方面是生物污染,逃逸的养殖物种可能污染野生种基因库,影响遗传多样性,此外单一品种的养殖模式更加剧了局部生态系统的脆弱性。①

(四) 生物入侵

海洋入侵生物对遭入侵海域的特定生态系统的结构、功能及生物多样性产生严重的干扰与破坏②,降低了区域生物的独特性,打破了维持全球生物多样性的地理隔离。原来的生态系统食物链结构被破坏、生态位点均势被改变,入侵种的生物学优势造成本土物种数量的减少乃至灭绝,进一步导致生态系统结构缺损、组分改变,导致生物多样性的丧失。③ 目前我国海洋生物多样性已受到一定程度的生物入侵影响,根据环保部 2006 年进行的我国沿海地区自然保护区外来入侵物种调查课题,沿海自然保护区共发现有 43 科 128 种外来入侵物种分布④,分布较广的有互花米草、沙饰贝、美洲红鱼等。以互花米草为例,国家环境保护部于2003 年把互花米草列入我国第一批外来入侵物种名单,认为互花米草作为入侵物种主要表现在以下四点:(1) 破坏近海生物栖息环境,影响滩涂养殖;(2) 堵塞航道,影响船只进出港;(3) 影响海水交换能力,导致水质下降,并且诱发赤潮;(4) 威胁本土海岸生态系统,致使大片红树林消失。

三、中国的海洋生物多样性保护

(一) 保护政策及行动计划

中国政府历来重视海洋生物多样性保护工作。中国率先批准了《生物多样性公约》,并编制了执行该公约的《中国生物多样性保护行动计划》。作为《联合国海洋法公约》缔约国之一,中国坚决履行开发利用和养护管辖海域及公海生物资源

---

① 宇文青.海水养殖对海洋环境影响的探讨[J].海洋开发与管理,2008(12):113 - 117.

② 万方浩,郭建英,王德辉.中国外来入侵生物的危害与管理对策[J].生物多样性,2002(1):119 - 125.

③ 刘芳明,缪锦来,郑洲,等.中国外来海洋生物入侵的现状、危害及其防治对策[J].海岸工程,2007(4):49 - 57.

④ 蒋明康,蔡蕾,强胜,等.我国沿海典型自然保护区外来物种入侵调查[J].环境保护,2007(13):37 - 43.

的权利和义务。《中国 21 世纪议程》中特别强调"在维持海洋生物多样性的同时提高沿海居民的生活水准"。

中国政府制定了许多有关保护海洋生物多样性的法规,主要有《海洋环境保护法》《中华人民共和国野生动物保护法》《中华人民共和国渔业法》《中华人民共和国自然保护区条例》《海洋自然保护区管理办法》等。此外,在海洋生物多样性保护管理工作的具体方面,湖南省制定并通过了《海南省红树林保护规定》等。

中国在海洋生物多样性保护方面编制了多个行动计划,有的已开始逐步实施。如《中国海洋 21 世纪议程》中专有一章为"海洋生物资源保护和可持续利用",还有《中国海洋生物多样性保护行动计划》《中国湿地保护行动计划》等。

(二) 科学调查研究与生态环境监测体系建设

中国政府重视海洋生物资源的调查研究,半个世纪以来,中国进行了多次大规模的海洋综合调查,如"全国海洋综合调查(1958—1960)""全国海岸带和滩涂资源综合调查(1980—1985)""全国海岛资源调查(1989—1993)"以及"南海诸岛及其邻近海区综合科学调查(1988 至今)"等。通过这些调查工作,陆续发现了许多海洋新物种和新记录。

中国学者对中国海洋生物绝大多数类别进行过分类学研究,在藻类、甲壳类、贝类、鱼类等领域的研究尤为全面和深入,涵盖了遗传学、生理学、生态学等多种学科,对许多海洋经济生物,例如对虾、海带及多种经济鱼类的研究尤其详尽。1990 年组织全国海洋生物学家对中国海洋生物种进行了系统研究,出版了《中国海洋生物种类与分布》一书。2016 年《中国海洋生物种类与分布(增订版)》基于1994 年出版的《中国海洋生物种类与分布》及美国 2001 年出版的英文版的增订版,共记录 22 561 个物种,对中国海洋生物物种进行了梳理。

我国的一些海洋科研机构已建立了若干海洋生态环境监测台站,如对大连湾、胶州湾、厦门附近等海域都进行了定期的海域生态监测。目前,以国家海洋局为组织单位的全国海洋生态环境监测网络正在建设之中,该网络将在中国管辖海域有代表性的海区,选择一些典型生态系统设立监测点,常年定期监测这些海域的生态系统状况,包括物种组成及分布变化、生物量、受人类活动影响程度等多项海洋生态学指标,从而为全面了解中国海洋生态环境现状及趋势、进一步制定并实施管理措施奠定基础。

(三) 海洋自然保护区建设及管理

中国科学院南海海洋研究所等单位通过"南海诸岛及其邻近海区综合科学调查项目"的研究,发现南沙群岛既是一个生物多样性高的海区,又是生物多样性受到严重威胁的海区。在已被调查的环礁中,大部分的造礁珊瑚已不同程度地遭受人为的毁坏和肆意采集,这使很多鹿角珊瑚受破坏,开采后的砗磲空壳成堆出现。有不少渔民已捕鱼为由,下海"扫荡"有观赏价值的贝壳,拿到旅游景点大量出售。一些稀有的种类如唐冠螺、法螺等近年已在南沙群岛消失了,虎斑宝贝、蜘蛛螺、水字螺等已陷入濒危的境地。一个物种的消亡,不仅仅是该物种作为一种生物资源的缺失,更重要的是会对生态系统的结构和功能产生整体的影响,导致生态失去平衡。珊瑚种类的盛衰,会带来礁栖动物种类、数量和分布等各方面的变化。因此,就地保护珊瑚是一项紧迫的任务。

所幸的是,我国已经建立了较为完善的海洋自然保护区体系,1995 年,我国有关部门制定了《海洋自然保护区管理办法》,贯彻养护为主、适度开发、持续发展的方针,将各类海洋自然保护区划分为核心区、缓冲区和试验区,加强海洋自然保护区建设和管理。目前由国家海洋局及其他涉海部门建设并管理的海洋自然保护区已有 60 多处,所保护的区域面积近 130 万 hm^2,其中国家级保护区有 16 个、省级 26 个、市县级 16 个。这些自然保护区涵盖了中国海洋主要的典型生态类型,保护了许多珍稀濒危海洋生物种。

我国海洋自然保护区的建设和管理已经具备了一整套系统而完备的体制,从自然保护区的规划、论证、审批到机构建设、人员培训、科研教育都有一系列的规章制度。在保护区的各项管理工作中,相应制定了各种技术规范和标准,包括保护对象、类型及分级等都有严格的管理技术标准。我国各个海洋自然保护区在资金短缺、装备落后等不利条件下,坚持以自然保护为宗旨,深入开展了各项管理工作。这些保护区在完善管理机构、健全管理体制、强化保护区的监察执法等方面进行了扎实有效的工作,同时,在保护区规划发展、监测科研、宣传教育、国际合作等工作中也完成了大量工作,取得了明显成效。

(四) 海洋生物多样性可持续利用进展

中国已经将海洋生物多样性资源的可持续利用定为海洋开发的基本政策之一,尤其重视海洋水产资源方面。中国制定了渔业法并组建了渔业行政主管部门,对中国管辖海域的渔业资源的捕捞、养殖及生产加工进行依法管理,控制捕捞强度及时期,促进渔业资源的恢复和可持续利用。此外,加强了海水养殖环境容量和潜力分析研究,建立养殖优化模式和示范区。

在中国沿海许多地方,建立了"科技兴海"示范区,大力推广海水生态养殖技术,通过符合自然生态系统物质循环及能量流动的养殖和饵料投放,防止海水富营养化,保存生物多样性且减少病害发生。一些海洋自然保护区也利用自身优势,开展了相应的生态养殖工程或生态旅游活动,一方面保护了区域生物多样性,另一方面又缓解了保护区自身的资金紧张,达到"以区养区"的目的。

需要特别指出的是,目前国家海洋局正在筹建一批海洋特别保护区,这些特别保护区是根据当地海域的生态环境、生物与非生物资源以及开发利用等的特殊性和突出的自然与社会价值而选划的。对这些保护区,将实施特定的保护与开发措施,强调开发利用要与自然保护协调一致,并保证生物资源得到科学、合理、永续的利用,以充分发挥海洋空间、资源和环境的最佳综合效益。[①]

第三节 海洋自然保护区的建立与管理

自然保护区制度是自然环境资源保护的重要制度之一。环境法中一般认为,自然保护区制度是对特殊区域进行保护的有力措施。特殊区域是相对于普通的环境区域而言的,对人类有着科学、文化、教育、生态等特殊价值,需要人们划出特定的区域,进行专门的立法保护。特殊区域目前分为自然区、风景名胜区、文化遗迹地等。海洋自然保护区属于自然区保护的一种,指"以海洋自然环境和资源保护为目的,依法把包括保护对象在内的一定面积的海岸、河口、岛屿、湿地或海域划分出来,进行特殊保护和管理的区域"[②]。设立海洋保护区被认为是最行之有效的海洋生物多样性保护方式。通过禁止或控制捕鱼、污染以及其他人类活动,海洋保护区内的海洋生物多样性可以得到迅速的恢复和提升,这可以通过对众多国家和地区海洋保护区的实证研究得到证明。[③] 据统计,我国已建成各类海洋保护区 170 多处,其中国家级海洋自然保护区 32 处,地方级海洋自然保护区 110 多处;海洋特别保护区 40 余处,其中国家级 17 处;合计约占我国海域面积的 1.2%。不过值得警惕的是,目前我国海洋生态继续恶化,海洋及海岸带物种及其栖息地不断丧失,海洋渔业资源减少,[④]显示出目前的海洋保护区建设还有很大不足,还未能充分担当和实现海洋生态恢复和生物多样性保护的重任。

---

① 鹿守本.关于海洋对香港经济与社会发展的思考[J].海洋开发与管理,1997(3):4-7.

② 国家海洋局《海洋自然保护区管理办法》第二条,1995 年 5 月颁布.

③ Robin Kundis Craig, Coral Reefs. Fishing, and Tourism: Tensions in U. S. Ocean Law and Policy Reform[J]. Stanford Environment Law Journal, 2008(3).

④ 参见:环境保护部.中国生物多样性保护战略与行动计划[EB/OL].(2010-09-21)[2012-09-10]. http://www.zhb.gov.cn/gkml/hbb/bwj/201009/t20100921_194841.htm.

一、海洋自然保护区的重要性和必要性

1998 年世界环境日的主题确定为"为了地球上的生命——拯救我们的海洋"。时隔 6 年,2004 年的主题仍和海洋相关:"海洋存亡,匹夫有责"——人们对海洋的美好愿望可见一斑。人们对于海洋的重视不能仅仅停留在口号上,具体落实才能真正解决海洋问题。1982 年《联合国海洋法公约》签订以来,世界各国纷纷把开发海洋资源、保护海洋环境作为国家战略。海洋自然保护区即是一项旨在保护海洋生态、保护海洋自然环境和资源的制度设计。

首先,海洋自然保护区制度保护海洋环境资源。海洋自然保护区的划定和实施保护了许多濒临灭绝的珍稀物种,如海龟、文昌鱼、海豚、海底古森林、牡蛎等,是我国实现生物多样性保护的有效措施;海洋自然保护区为众多生态系统提供了保护伞,如红树林、湿地、珊瑚礁等典型海洋生态系统;在实行保护区的海洋区域,可以有效地防止陆源污染等污染途径。

其次,海洋自然保护区制度促进海洋科学研究。海洋自然保护区内有大量的珍稀物种以及完整的生态系统,因此具有极大的科研价值,受到科研工作者的青睐。海洋自然保护区为多种学科,如动物学、植物学、生态学、地质学、遗传学等的海洋科学研究提供研究场所和研究对象。

最后,海洋自然保护区也为人们带来经济效益。海洋自然保护区大多风景宜人,有条件地开发其旅游资源,可以为人们提供优美的环境,例如建设滨海公园,在国外已经有诸多先例。国外许多保护区还在为生物医学行业提供物种源上发挥了很大的作用,这为我们提供了商业开发可供借鉴的范例。因此,要进一步发展海洋经济,就要求我们进一步建立和完善我国的海洋环境自然保护区,从而创造更多的经济效益,为海洋的保护和发展创造良好的经济保障。

海洋自然保护区的建设已经成为国际趋势。美国 1975 年开始建立海洋保护区,已相继在夏威夷群岛、加利福尼亚沿海和佛罗里达群岛周围建立了 12 个保护区,总面积约 8 万 km²。2003 年 10 月,科威特建立海洋生物保护区,决定通过在保护区水域的海底投放人工珊瑚礁的方式,保护水中的鱼类和海洋生物。2003 年 11 月,德国政府提出,在北海和波罗的海划定 10 个保护区。按照计划,在距离海岸 12~200 n mile(1 n mile≈1.852 km)的专属经济区,按照欧盟有关的鸟类和海洋保护标准,设立 2 个鸟类保护区和 8 个海域保护区,保护珍稀候鸟、沙洲、海礁,为鱼类和海洋哺乳动物如鼠海豚、灰海豹和海狗等提供生存空间,将保护区范围延伸到远离海滨的水域。21 世纪初,英国为保护苏格兰境内唯一的深海珊瑚

礁,将苏格兰西海岸的"达尔文丘"设为"环境保护特别地区",树立海洋保护典型。[①] 一直没有海洋自然保护区的哥斯达黎加在 2004 年 6 月建立大型海洋自然保护区,面积约 12.5 万 km²,占该国海洋经济专属区总面积近四分之一。

二、我国海洋自然保护区的建立及发展

海洋是一个特殊的生态系统,其公共物品的属性很强。在我国,从 20 世纪 60 年代开始,伴随着国家海洋局的成立、国家对海洋事业的日益关注,海洋资源开发利用的概念逐渐为人们所熟悉。在海洋资源的开发利用过程中,重开发、轻保护的观念使得海洋生态破坏现象十分严重。因此,海洋资源环境的保护逐渐引起了人们的高度重视。

(一)海洋自然保护区历史回顾

关于我国第一个海洋自然保护区建立的时间有几种说法。有学者认为我国建立的第一个海洋自然保护区是蛇岛—老铁山自然保护区,它建立于 1963 年[②],而有的学者认为它建立于 1980 年[③]。国家海洋局和地方海洋局的资料显示,我国最早于 1980 年在海南省建立了两个海洋自然保护区,它们是海南西沙东岛白鲣鸟自然保护区和海南东寨港红树林自然保护区,而文昌麒麟菜自然保护区和蛇岛—老铁山自然保护区的建立时间分别是 1983 年和 1981 年。另有资料显示,我国农业部于 1955 年在海南建立了文昌麒麟菜自然保护区,它是目前所知的我国最早建立的海洋自然保护区。

1982 年《海洋环境保护法》指出:"国务院有关部门和沿海省、自治区、直辖市人民政府,可以根据海洋环境保护的需要,划出海洋特别保护区、海上自然保护区和海滨风景游览区,并采取相应的保护措施。"1994 年 12 月由国务院发布的《中华人民共和国自然保护区条例》开始实施,规定凡在中华人民共和国领域和中华人民共和国管辖的其他海域内建设和管理自然保护区,必须遵守本条例,从而为海洋自然保护区的建设、管理提供了法律依据。1995 年 5 月,国家海洋局依据

---

① 参见曹丽君《英国:全国上下齐心协力,共同保护海洋资源》,2004 年 6 月 4 日;刘向《德国海洋环境保护走区域合作与自我完善之路》,2004 年 6 月 3 日;安江《科威特建立海洋生物保护区》,2003 年 10 月 3 日;搜狐网站"2004 世界环境日:海洋兴亡,匹夫有责"专题:http://news.sohu.com/2004/06/04/34/news220383495.shtml,2004 年 6 月 4 日.

② 崔凤,刘变叶.我国海洋自然保护区存在的主要问题及深层原因[J].中国海洋大学学报(社会科学版),2006(2):12-16.

③ 郭院,吴莉婧,谢新英.中国海岛自然保护区法律制度初探[J].中国海洋大学学报(社会科学版),2005(3):14-18.

《中华人民共和国自然保护区条例》颁布了《海洋自然保护区管理办法》。至此,我国的海洋自然保护区制度初步确立。

在相关立法的指导下,海洋自然保护区建设工作逐渐落实。1988 年国务委员宋健向国家海洋局提出研究建立海洋自然保护区的建议。同年 7 月,国家确立综合管理与分类型管理相结合的新的自然保护区管理体制,规定林业部、农业部、地矿部、水利部、国家海洋局负责管理各有关类型的自然保护区。11 月份,国务院确定了国家海洋局选划和管理海洋自然保护区的职责。1989 年初,国家海洋局统一组织沿海地方海洋管理部门及有关单位进行调研、选点和建区论证工作,选划了昌黎黄金海岸、山口红树林生态、大洲岛海洋生态、三亚珊瑚礁、南麂列岛等五处海洋自然保护区,1990 年 9 月批准为国家级海洋自然保护区。与此同时,一批地方级海洋自然保护区也相继由地方海洋管理部门完成选划并经国家海洋局和地方政府批准建立,如广东广宁鼋自然保护区、广东淇澳红树林自然保护区等。

(二)海洋自然保护区概述

1. 海洋自然保护区的含义

海洋自然保护区是指以海洋自然环境和资源保护为目的,依法把包括保护对象在内的一定面积的海岸、河口、岛屿、湿地或海域划分出来,进行特殊保护和管理的区域。[①] 凡具备下列条件之一的,应当建立海洋自然保护区:(1) 典型海洋生态系统所在区域;(2) 高度丰富的海洋生物多样性区域或珍稀、濒危海洋生物物种集中分布区域;(3) 具有重大科学文化价值的海洋自然遗迹所在区域;(4) 具有特殊保护价值的海域、海岸、岛屿、湿地;(5) 其他需要加以保护的区域。[②]

2. 海洋自然保护区的分级

海洋自然保护区分为国家级和地方级。(1) 国家级海洋自然保护区是指在国内、国际有重大影响,具有重大科学研究和保护价值,经国务院批准而建立的海洋自然保护区。(2) 地方级海洋自然保护区是指在当地有较大影响,具有重要科学研究价值和一定的保护价值,经沿海省、自治区、直辖市人民政府批准而建立的海洋自然保护区。[③]

3. 海洋自然保护区的功能划分

海洋自然保护区可根据自然环境、自然资源状况和保护需要划为核心区、缓冲区、实验区,或者根据不同保护对象规定绝对保护期和相对保护期。

---

① 参见《海洋自然保护区管理办法》。
② 参见《海洋自然保护区管理办法》。
③ 参见《海洋自然保护区管理办法》。

(1)核心区内,除经沿海省、自治区、直辖市海洋管理部门批准进行的调查观测和科学研究活动外,禁止其他一切可能对保护区造成危害或不良影响的活动。

(2)缓冲区内,在保护对象不遭人为破坏和污染前提下,经该保护区管理机构批准,可在限定时间和范围内适当进行渔业生产、旅游观光、科学研究、教学实习等活动。

(3)实验区内,在该保护区管理机构统一规划和指导下,可有计划地进行适度开发活动。

(4)绝对保护期即根据保护对象生活习性规定的一定时期,保护区内禁止从事任何损害保护对象的活动;经该保护区管理机构批准,可适当进行科学研究、教学实习活动。相对保护期即绝对保护期以外的时间,保护区内可从事不捕捉、损害保护对象的其他活动。[①]

4. 海洋自然保护区相关法律。

(1)《海洋自然保护区管理办法》。1995年5月29日国家海洋局发布,自1995年5月29日起施行,共23条。贯彻养护为主、适度开发、持续发展的方针,将各类海洋自然保护区划分为核心区、缓冲区和试验区,加强海洋自然保护区建设和管理。

(2)《海洋环境保护法》。1982年8月23日第五届全国人民代表大会常务委员会第二十四次会议通过,1999年12月25日第九届全国人民代表大会常务委员会第十三次会议修订通过,1999年12月25日中华人民共和国主席令第26号公布,自2000年4月1日起实施。第二十一、二十二条是关于海洋自然保护区的规定。第二十三条是关于海洋特别保护区的规定。2017年11月4日全国人大常委会通过修订的《海洋环境保护法》,第二十条、二十一条、二十二条、二十三条、二十四条补充和修订了关于海洋自然保护区的规定。

(3)《海洋特别保护区管理办法》。2005年由国家海洋局制定《海洋特别保护区管理暂行办法》,2010年海洋局修订并印发《海洋特别保护区管理办法》。海洋特别保护区,是指具有特殊地理条件、生态系统、生物与非生物资源及海洋开发利用特殊要求,需要采取有效的保护措施和科学的开发方式进行特殊管理的区域。

---

① 参见《海洋自然保护区管理办法》。

5. 国家级海洋自然保护区一览表（截至 2011 年）（见表 3-2）

表 3-2　国家级海洋自然保护区一览表

序号	名称	面积(hm²)
1	丹东鸭绿江口滨海湿地国家级自然保护区	101 000.00
2	辽宁蛇岛—老铁山国家级自然保护区	14 595.00
3	辽宁双台河口国家级自然保护区	128 000.00
4	大连斑海豹国家级自然保护区	672 275.00
5	大连城山头国家级自然保护区	1 350.00
6	昌黎黄金海岸国家级自然保护区	30 000.00
7	天津古海岸与湿地国家级自然保护区	35 913.00
8	滨州贝壳堤岛与湿地国家级自然保护区	43 541.54
9	荣成大天鹅国家级自然保护区	10 500.00
10	山东长岛国家级自然保护区	5 015.2
11	黄河三角洲国家级自然保护区	153 000.00
12	盐城珍稀鸟类国家级自然保护区	284 179.00
13	大丰麋鹿国家级自然保护区	2 667.00
14	崇明东滩国家级自然保护区	24 155.00
15	上海九段沙国家级自然保护区	42 020.00
16	南麂列岛国家级海洋自然保护区	20 106.00
17	深沪湾海底古森林遗迹国家级自然保护区	3 100.00
18	厦门海洋珍稀生物国家级自然保护区	39 000.00
19	漳江口红树林国家级自然保护区	2 360.00
20	惠东港口海龟国家级自然保护区	1 800.00
21	广东内伶仃岛—福田国家级自然保护区	921.64
22	湛江红树林国家级自然保护区	20 279.00
23	珠江口中华白海豚国家级自然保护区	46 000.00
24	徐闻珊瑚礁国家级自然保护区	14 378.00
25	雷州珍稀海洋生物国家级自然保护区	46 865.00
26	广西山口红树林生态国家级自然保护区	8 000.00
27	合浦儒艮国家级自然保护区	35 000.00

序号	名称	面积(hm²)
28	广西北仑河口红树林国家级自然保护区	3 000.00
29	东寨港红树林国家级自然保护区	3 337.00
30	大洲岛海洋生态国家级自然保护区	7 000.00
31	三亚珊瑚礁国家级自然保护区	5 568.00
32	海南铜鼓岭国家级自然保护区	4 400.00
33	象山韭山列岛国家级自然保护区	48 478.00

资料来源:中国发展门户网,http://cn.chinagate.cn/environment/2012 - 05/03/content_25294552.htm.

三、我国海洋自然保护区存在的主要问题

海洋自然环境保护区的建立,虽然在保护海洋环境、物种资源,维护海洋生态平衡,促进当地经济发展方面发挥了不可估量的作用,但不能忽视的是,海洋环境自然保护区在制度、法律、资金以及思想等方面仍存在许多问题,严重制约着我国海洋自然保护区的发展。

(一)体制不完善,制约保护效率

当前,我国自然保护区管理体制比较复杂:综合管理、分部门管理、分级管理并存。[1] 这样复杂的管理体制被认为是制约海洋自然保护区管理和保护效率的重要原因之一。海洋、林业、环保、农业、国土等均是海洋自然保护区的主管部门。首先,各个部门都有各自的管理体制、经费来源,都在努力发展隶属于本部门的保护区,由此很容易就会造成相互竞争、重复建设、各自为政的情况,最终导致的结果就是资源利用效率低,整体效率低下。

其次,部门管理体制的制约也造成了综合管理部门与具体主管部门之间的沟通和协调的缺乏,随之而来的结果就是综合管理部门对各部门的自然保护区在宏观决策、政策指导和监督检查方面的工作上无从下手,难以开展。

以上两点,在很大程度上导致了海洋自然保护区建设的统一规划,无论是在国家层面还是在省市层面都难以实现,制约了保护工作的力度和效率。

---

[1] 崔凤,刘变叶.关于完善我国海洋自然保护区立法的构想[J].中国海洋大学学报(社会科学版),2008(5).

（二）法律不健全，难以满足需求

现在，我国虽然已经初步建立了海洋自然保护区的法规体系，但仍缺乏专门的、完善的、操作性强的法律，难以满足不断发展的海洋自然保护区的工作需要。首先，当前的一些有关海洋自然保护区的规章、办法，如经国家科委批准、国家海洋局颁布实施的《海洋自然保护区管理办法》，也只是"办法"，仅仅是部门规章，缺乏具有可操作性的实施细则，法律地位和约束力相对较低，制约了成效。其次，现有的法规体系无法满足复杂艰巨的海洋资源与生态环境保护管理的特殊需求：如《中华人民共和国森林法》无法适用于红树林生态系统的保护，《中华人民共和国野生动物保护法》也难以适应海洋生物及其生态系统变化的需要。由此我们可以看出，目前我国不健全的海洋自然保护区相关法律、法规，是难以满足海洋自然区保护和不断发展需要的。

（三）经费不充裕，限制工作开展

资金，是保障海洋保护区管理体系正常运行的重要动力。根据法律规定，我国的海洋自然保护区被划分为国家级和地方级两种，而地方级又包括省、市、县三级。在我国，"管理自然保护区所需的经费，由自然保护区所在地的县级以上地方人民政府安排，国家只对国家级自然保护区的管理给予适当的资金补助"[①]。

但事实上却是，我国绝大多数的国家级海洋自然保护区是由所在地的当地人民政府管理，其中许多更是由市、县、乡级政府管理。由于政府收入有限、重视力度不足以及管理成本高等多方面的原因，许多地方政府连对海洋自然保护区最基本的投入都难以保证。在这种情况下，许多地方对海洋自然区的保护也仅仅只能停留在看护阶段，科学研究及后续的一系列发展开发工作根本无从谈起。

（四）重视不充分，影响保护进程

这里的重视不充分表现之一就是相关政府部门对海洋自然保护区认识不充分。海洋自然保护区投入大，回报周期长，许多当地政府考虑到政绩考核等多方面的因素，更为重视能否直接从中获取经济利益，从而忽视保护区的保护；另一些政府则更甚，受经济利益驱动，牺牲长远利益获取眼前的"蝇头小利"，盲目对保护区进行开发，对保护区造成了难以逆转的破坏。

重视不充分的另一表现就是民众对自然区缺乏必要认识，导致对保护区的重视性不足。现在我国虽然已经采取多种措施加强人民群众对海洋及其保护区的

---

① 陈兴华.我国海洋自然保护区制度探析[J].柳州师专学报,2005,20(1):79-82.

认识,但不容忽视的现实是,由于之前长期对海洋的认识空乏,以及传统的"大陆"观的制约,这些举措的效果并不明显,人们对海洋自然保护区的认识大多仍是"一知半解",更有甚者,连听都没有听过。这对于进一步开展保护区的工作和长远发展都是十分不利的。

(五)海洋自然保护区分布、发展不均衡

地域上,南方海洋自然保护区的数量要多于北方,以广东、福建、海南居多。级别上,国家级的保护区数量少于地方级别的保护区,仅(约)占总数的三分之一。保护对象上,已建保护区的类型多以红树林、珊瑚礁、河口湿地、海岛生态系统中的野生动植物为主要保护对象,且多是陆地自然保护区向海的自然延伸,远不能代表纵跨三个气候带的中国海域的生态系统、生物多样性和非生物资源等不同类型。[①]

四、完善我国海洋自然保护区的对策建议

当前,我国海洋自然保护区在制度、法律、资金以及观念等多方面存在问题,这在很大程度上制约了我国海洋自然保护区的全面、协调和可持续发展。因此,要实现海洋自然保护区又好又快的发展,就必须认真分析当前海洋环境自然保护中所存在的问题,并有针对性地采取政策,在改善管理体制、健全法律法规以及加大资金投入等多方面进行努力。

(一)明确海洋自然保护区的立法原则

作为环境资源保护的一项制度,海洋自然保护区的立法应该遵循生态利益第一的原则。这其中有以下几层含义:第一,当经济利益和生态利益发生冲突时,要严格维护生态利益。第二,生态利益第一,并非反对进行资源的开发和利用,而是在自然保护区内进行资源开发和利用时必须要严格保护区内的保护对象和生态系统。第三,海洋自然保护区立法要探寻海洋生态规律,在立法中体现这一规律。

(二)多渠道地解决经费不足

首先,加大资金的投入力度。按照国外的经验,保护区费用纳入中央政府财政总预算,我国可以对此加以借鉴,将自然保护区纳入国民经济和社会发展计划,按分级原则纳入同级人民政府的财政预算。其次,在严格维护生态利益的前提下,对海洋自然保护区的资源进行开发经营,取得的收入用于海洋自然保护区的

---

① 王艳香.海洋自然保护区建设与管理问题探讨[J].海洋开发与管理,1998(4):29.

自身建设。最后，可以加大宣传，号召社会捐资或投资，吸引社会上的资金注入。

（三）自然保护区的社区贫困问题是诸多问题的根源，也是制约自然保护区发展的重要原因

解决社区贫困对于处理好海洋自然保护区和当地居民之间的关系，解决海域权属纠纷，促进海洋自然保护区的发展意义重大。据此，首先应在法律中确定保护区社区发展工作的地位，对保护区核心区和缓冲区的居民实施生态移民搬迁，允许在保护区试验区生活的群众进行传统型、生态型的生产活动；妥善解决保护区周边社区发展与资源保护管理之间的矛盾，使保护区和社区能够同步发展。[①]其次，新建海洋自然保护区的，要对原区域的海域使用状况做出详细调查，充分考虑到当地居民使用海域的利益，避免发生纠纷。

（四）提高执法能力

首先要完善管理体制，可借鉴发达国家的垂直管理体制，如美国的自然保护区大多是由联邦内务部直接管辖或委托部门管辖的；日本的自然保护区主要由环境厅下设自然保护局负责，具体事务由自然保护局在各地的派出机构如国立公园野生动植物事务所、国立公园管理事务所承担。其次，提高自然保护区工作人员的素质，增加设备，改善海洋自然保护区内的工作环境。自然保护区的工作不能仅仅停留在简单的"看护"的阶段，而是要切实履行保护区基础调查和经常性监测、监视工作等法定职责。

（五）妥善处理保护区的开发和利用问题

2002年国家环保总局《关于进一步加强自然保护区建设和管理工作的通知》再次强调了加强自然保护区内资源开发活动的监督管理，指出要严格遵守《中华人民共和国自然保护区条例》的有关规定，在划定的核心区和缓冲区内，不得从事旅游和生产经营活动；严格控制在自然保护区内的各项基础设施建设，确因国家重点建设项目需要在自然保护区实验区内开展的建设活动，必须进行环境影响评价并依法履行报批手续；对涉及自然保护区的环境影响评价要从严把关，并责成开发建设单位落实环境恢复治理和补偿措施。

（六）扩大海洋自然保护区面积，扩充海洋自然保护区的保护对象

尽管近年来我国海洋自然保护区发展速度快，但是与海洋总面积相比，比重仍然很小，发展的空间还很大。另外还要不断新增珍稀海洋生物为保护对象，以

---

① 赵永新. 自然保护区如何更上一层楼[N]. 人民日报，2003 - 09 - 25(11).

及扩大海洋自然保护区保护的生态系统类型。

（七）明确法律责任，严格惩治任何破坏海洋自然保护区的违法行为

法律责任的认定、归结和执行是法律运行的保障机制，是维护制度的一个关键环节。目前的《中华人民共和国自然保护区条例》中规定了刑事责任、民事责任和行政责任；而《海洋自然保护区管理办法》只是规定比照前者，未做详细规定。各地市要根据各自的情况，将责任条款细化，增加法律条文的可操作性。

第四节　我国海洋渔业生态环境的现状与保护对策

海洋渔业生态环境为鱼类的生长、增殖提供了必要的生存空间和适宜的生态条件，其状况及其变化对渔业生产发展起着决定性的作用。在渔业发展过程中，水域生态环境的破坏和近海渔业资源的不断衰退严重制约着渔业的健康发展。因此，必须加强对渔业生态环境的保护机制，建立完善的渔业环境保护法律制度，防止渔业环境污染，改善渔业生物资源的养护载体，实现我国海洋渔业的可持续发展。

一、海洋渔业生态环境及其影响因素

渔业生态环境是指适宜于水生经济动植物生长、增殖、索饵、越冬的水域自然环境，包括特定空间中可以直接或间接影响渔业生存和发展的各个因素，其中包括不同层次的生物所组成的生命系统（也包括人类）及外围物质条件，是渔业生态系统对自然或人为作用的反应或反馈的综合表现。

鱼类所能适应的环境是有一定限度的，如果其中某个或某几个生态因素的质和量高于或低于生物所能忍受的限度，即渔业生态环境遭到破坏时，无论其他因素是否合适都将影响鱼类的生长、发育和繁殖，甚至导致鱼类死亡及种群灭绝。影响渔业生态环境的因素可分为三大类：非生物因素、生物因素和人为因素。

（一）非生物因素

1. 物理因素

水域中的光照、温度、透明度、水流等都属于影响渔业生态环境的物理因素。光是生命一个极为重要的基本因子，为生命供应能量，并通过光合作用影响静水水域中的氧气状况；鱼类在一定的水温范围内才能正常生存和繁殖，不同种类有不同的适应温度幅度，同一种鱼类在不同的发育阶段对水温的适应范围也有差别；另外，水体的透明度对鱼类生长也有很大影响，因为其与生态学中的补偿深度

有密切关系。

2. 化学因素

影响渔业生态环境的化学因素包括水中悬浮物、溶解盐类、溶解气体、pH、溶解有机质等。海水是一种复杂的盐溶液,海水中的主要离子有 Na^+、K^+、Ca^{2+}、Mg^{2+}、Sr^{2+}、Cl^-、SO_4^{2-}、Br^-、HCO_3^-、F^- 等,其总和占海水盐分的 99.9%;海水中的溶解气体主要有氮、氧、二氧化碳和惰性气体,其中对鱼类产生重要影响的气体是溶解氧,一般溶氧量在 3 mg/L 时鱼摄食量下降;海洋中的营养元素主要包括 C、N、P、Si、O、Fe 等,它们与鱼类的生长、繁殖密切相关。

(二) 生物因素

海水水域中的生物因子包括全部海洋生物的总和。按与鱼类的关系分,可把其分为饵料生物、鱼类和敌害生物三大类。目前,对渔业生态环境影响的生物因子主要是饵料生物,水域中的天然饵料生物主要是浮游生物、细菌、周丛生物、水生维管束植物和底栖动物。水生维管束植物在保护水土、保护湿地、保护物种等方面对维护生态平衡起着重要的作用,同时它们又为鱼类提供丰富的饵料;底栖生物是在底部生活的生物,有植物也有动物,它们多以有机碎屑为食物,且可以是一些经济鱼类的食物。

(三) 人为因素

影响渔业生态环境的人为因素主要包括人口密度、农牧业生产、工业生产、城市排污等。在集雨区内,农业人口密度、农牧业生产对水域的肥力产生一定程度的影响,施入农田的肥料或牧场牲畜粪便随径流进入水域,增加水域肥力,对水生生物生长起促进作用。工业生产、城市排污等是天然水体中的有毒物质的主要来源,也是影响海洋渔业水域环境的主要因素。另外,枯渔滥捕和海上工程及其带来的污染会切断洄游、半洄游性鱼类产卵洄游与索饵洄游的路线,或改变洄游区内的产卵场,致使部分鱼类种群锐减甚至灭绝。

二、我国海洋渔业生态环境监测体系的状况

改革开放以来,我国的渔业水域环境保护工作不断加强。迄今为止,除各级地方人大、政府颁布的法律法规外,国家已颁布涉及渔业水域环境保护的法律法规 20 多个,主要有:《中华人民共和国渔业法》《中华人民共和国野生动物保护法》《中华人民共和国环境保护法》《中华人民共和国水污染防治法》《海洋环境保护法》《中华人民共和国水产资源保护条例》《中华人民共和国海洋石油勘探开发环境保护条例》《防治船舶污染海洋环境管理条例》《海洋倾废管理条例》《中华人民共和国防止陆源污染物污染损害海洋环境管理条例》《关于防止浸麻污染、保护渔业生态环境的紧急通知》等,我国渔业水域环境保护的法律体系已初步建立。监督管理方面,我国现有渔业水域环境监测站 32 个,其中国家级站 9 个,省级站 23 个,拥有渔业监督管理船只 1 000 多艘,监督管理人员 3 万多人。截至 1997 年底,全国渔业系统共建设了 34 个保护区,总面积约 3 790 036 hm²,其中国家级保护区 6 个,总面积约 980 985 hm²,地方级保护区 28 个(以上数据来源于农业部渔业局)。

三、海洋渔业生态环境破坏原因

(一)陆源污染

陆源污染是指从陆地向海域排放的对海洋渔业的生长、增殖、索饵造成或者可能造成威胁的污染物,包括工业废水、城镇生活污水、农业废水等点源污染和非点源污染。[①] 海洋污染物总量的 85％以上来自于陆源污染物。[②] 工业废水是渔业水域最严重的污染源,其中含有大量的悬浮物、有机物和还原性物质,以及多量的有毒有害物质,工业废水导致的渔业污染事故占总发案率的 70％。[③] 生活废水来源于人们日常生活中产生的各种混合性污水,其中含无机盐类、有机物及多种致病性微生物,是造成渔业水质有机污染、生物污染和产生富营养化作用的主要来源。农业废水是指通过大气降水、地表径流的冲刷进入渔业水域的含有大量农药、化肥的废水,其加速水体富营养化进程,该非点源污染对近岸海域的氮、磷污染较大。

(二)养殖业自身污染

一方面,海水养殖的生产过程和发展需要清洁、未污染的水质;另一方面,随着近年来养殖产业规模不断扩大,养殖方式由半集约化向高度集约化发展,养殖业自身的污染问题显露且日渐突出。养殖区残存的饵料、排泄的废物、施用的化肥等直接影响水体富营养化产生过程,成为诱发局部海域赤潮的原因之一;另外,在养殖的过程中,为预防养殖疾病、清除敌害生物、消毒和抑制有毒有害生物而大量使用化学药品,这些含有不同程度毒物的治疗药物、消毒剂和防腐剂已成为直接影响海洋渔业水域环境的重要因子。

---

① 王淼,段志霞.中国海洋渔业生态环境现状及保护对策[J].河北渔业,2007(9):1-5.
② 王淼,胡本强,辛万光,等.中国海洋环境污染的现状、成因与治理[J].中国海洋大学学报,2006(5):1-6.
③ 王淼,段志霞.中国海洋渔业生态环境现状及保护对策[J].河北渔业,2007(9):1-5.

（三）海上事故及不合理的海洋开发

由于不可抗力致使船舶触礁、碰撞、搁浅、爆炸等事故，使有害物质进入海洋，对局部海域造成重大污染，这类事故对海洋渔业水域环境造成的危害巨大。此外，由于缺乏严格的法规规范和宏观调控，各行业和各类工程建设对海洋水域环境的影响日益加重，尤其是不合理的围涂造地、河口造田、炸岛采石、海底挖砂、海洋倾废排污及违法捕捞，改变了海域的自然地形地貌、底质分布和潮（水）流条件，导致亿万年来自然形成的优越的水产动物产卵场、育肥场和越冬场等逐渐消失，近岸海域生物种类不断减少，海洋和渔业资源日趋衰退，海洋渔业水域环境遭到了不可逆转的损害。[①] 例如：中国曾在 20 世纪 50 年代和 80 年代分别掀起了围海造田和发展养虾业两次大规模围海建设热潮，使沿海自然滩涂湿地总面积缩减了约一半。滩涂湿地的自然景观遭到了严重破坏，重要经济鱼类、虾、蟹、贝类的生息繁衍场所消失，而且大大降低了滩涂湿地调节气候、储水分洪、抵御风暴潮及护岸保田等能力。据不完全统计，中国沿海地区累计已丧失滨海滩涂湿地面积约 119 万 hm^2，另因城乡工矿占用湿地约 100 万 hm^2，两项之和相当于沿海湿地总面积的 50％。对沿海滩涂的破坏面积仍呈逐年上升趋势。[②]

四、国外控制渔业生态水域环境的经验

（一）健全法制

很多国家首先抓了这一环节，把立法作为有效管理与治理渔业生态水域环境的重要措施。例如：英国早在 1833 年就制定了《水质污染控制法》。爱尔兰于 1847 年就制定了《水质污染控制法》，1876 年制定了《河流污染防治条例》。美国于 1899 年制定了《河川港湾法》。随着水污染的不断加重，水污染防治的立法为更多的国家所注意，纷纷制定严格的法律，有的在制定或修改本国宪法时，明确把保护渔业水域环境写入宪法，作为宪法的一项原则内容，如联邦德国的基本法、瑞典和瑞士的宪法都强调渔业水域环境的立法。

（二）加强机构管理

在国外，对于渔业水域水质的管理与治理，往往和立法一样没有设置单独的机构，一般都由国家或地域的管理机构来统一管理。不少国家都设有环保主管部

---

① 王淼,段志霞.中国海洋渔业生态环境现状及保护对策[J].河北渔业,2007(9):1-5.
② 王淼,胡本强,辛万光,等.中国海洋环境污染的现状、成因与治理[J].中国海洋大学学报,2006(5):1-6.

门,如英国、加拿大设有环境部,联邦德国设有部一级的环境局,日本设有环境厅,美国设有环境保护局。虽然多数国家的环境管理机构都有一个从分散到集中的演变过程,但环境保护工作越来越得到国家的重视,并被赋予愈来愈大的权力,因而使环境状况很快有了明显的改善。

（三）积极开展科学研究

改进水污染控制技术。不少国家为了控制水域污染,都先后建立了相应的科研机构,开展了广泛的水污染研究。当前的科研发展趋势,已从过去零敲碎打的研究转入从预防污染发生与整个工业技术改造相结合,并注意了基础性、长远性和探索性研究。水处理技术已从实现达标排放向获得能够再利用洁净水的方向发展,即从废水经凝聚沉降、放流模式进一步向深度处理技术发展。在水系保护治理方面,主要是控制由氮、磷引起的富营养化及赤潮。区域环境管理已成为环境科学的活跃领域之一,日本、俄罗斯、捷克、斯洛伐克等国提出编制生态规划的概念,即在编制经济发展规划时,使国家和地区发展能够顺应自然,既使经济得到发展,又不致使当地生态平衡遭受重大破坏,把经济与环境指标统一起来协调发展。

（四）建立健全环境监测体系

发达国家都在不断加强和改善环境监测系统,计算机技术、卫星等纷纷运用到环境的监测治理中。日本的水质监测系统是由监测站和观测站组成的完善的网络系统。美国已建立了 12 个水质监测网,以俄亥俄河水质监测网历史最悠久,有 8 个监测站位于该河主流上,有 6 个位于支流上。德国建立了由数据基地系统、数据库系统、数据探索系统和工具库系统组成的环境监测网络,为政府的环境保护计划与政策及时提供依据。

（五）加大水污染治理的投入

国外对防治水污染的资金投入,重点用于和污水处理有关的设施。在 20 世纪 60 年代一些国家重点抓了水污染治理,至 70 年代,治理重点虽然有了转移,水域治理投入比重有所下降,但多数国家水的治理费仍占环境治理投入的 30%左右。

五、加强我国渔业水域环境保护的建议与对策

（一）建立集中的海洋环境监测管理机构

海洋是一个流动的整体,因此海洋环境的监测管理应是综合的管理,应涉及

资源、环境等方面,现代海洋管理体制的趋势正由权力分散向权力集中的方向过渡。海洋环境管理体制混乱、各自为政是当前我国海洋环境管理工作的突出弊端。从长远来看,国家应对目前的海洋环境管理体制进行大的改革,优化海洋环境管理体制的设置,将环保、海事、渔政、渔港等部门中涉及海洋环境监测的部门集中起来,成立统一的海洋环境监测机构,统一对海洋环境进行监督管理。其次,根据这一原则,成立各省市的海洋环境监督管理机构,建立自上而下的海洋环境分级监测管理体系。在建立相对集中的海洋监督管理体制后,也应建立统一的海洋环境执法管理队伍。

(二)完善渔业水域环境保护法规

渔业水域环境是一个有机统一体,渔业水域环境保护方面的法规不应仅限于单项的管理控制,而应考虑引起污染的每一方面。我国现有涉及水域环境保护的法规多为单项法规,因此要加快环境保护综合性法规的制定。加大环境破坏的惩罚力度,除经济处罚外,还要追究刑事责任。以法规的形式规定管理机关的责任与权力,建立完善的监督管理约束机制。

1999年12月修订的《海洋环境保护法》第三条明确规定:"国家建立并实施重点海域的排污总量控制制度,确定主要污染物的排海总量控制指标,并对主要污染源分配排放控制数量。"国家应加快污染物总量控制实施办法的制定,并在我国的主要江河、湖泊也实施这一措施。对一些超标排放污染物、达不到总量控制的企业坚决实行"关、停、并、转"的强制措施。[1]

(三)健全渔业水域环境监测网络

健全渔业水域环境监测网络是控制渔业水域环境质量的重要措施。我国的渔业水域监测网络还十分薄弱,因此必须加快建立我国的渔业水域环境监测网络,建成由岸站、船舶、飞机和卫星等组成的立体监测系统,对全国主要江河、湖泊及海洋的资源、生态环境等进行动态的监测,及时了解我国渔业水域的环境状况和渔业资源的开发利用状况,为国家及渔业行政部门制定相关政策、法规等提供科学的依据。

(四)加强对渔业水域污染源的控制

渔业生态环境保护的关键在于加强对污染物的治理,要贯彻"防治结合,预防为主"的方针,做到关口前移,实现对污染事故的事后治理向事前防范的转变。一

---

[1] 曹世娟,黄硕琳,等.我国渔业水域环境保护面临的问题与对策探讨[J].福建水产,2002(1).

是政府在制定本地发展规划时,要合理调整工业布局,避免因水域沿岸工业布局不合理而造成的渔业水域环境污染。二要严格控制工业污染源,对已污染的水域进行积极治理并严格控制新的工业污染源。任何单位排放的污染物质进入渔业水域时,都必须符合《渔业水质标准》。三是严格控制石油勘探、开发引起的污染,勘探、开采石油和其他矿藏,不得排放未经处理的油类和油类混合物及其他对鱼类有害的污染物质。四要避免沿海及海上重大工程造成的渔业水域环境污染,工程单位应在施工前对海洋环境进行科学调查,而且必须先征求海事、渔业行政主管部门和环境部门意见,同时还应当负责对海洋生态环境、渔业资源进行整治和修复。

(五)加强科学研究,提高水污染治理水平

我国在水环境污染控制和治理的研究方面起步较晚,因此必须加快这方面的科学研究。首先,要推广应用国内外已成熟的技术,提高渔业水域环境调查监测和科学研究的技术水平。海洋方面,应加快我国近海主要海区自净能力、环境容量及其合理开发利用的研究,提高海洋的污染防治技术。加快海洋功能的区划设置,根据海洋的不同功能区划来制定管理措施和排放污染物的标准。

(六)重视海洋渔业资源的合理开发与利用

要按照建设资源节约型、环境友好型渔业的要求,充分考虑生态环境承载能力,坚持在保护中开发,在开发中保护,在确保资源永续利用和保持生态平衡的前提下,提出水产资源最佳开发利用与保护的方案,使近期与远期统一、局部与全局兼顾,绝不允许以牺牲生态环境为代价换取眼前的和局部的利益。要在国家对水域统一规划利用的前提下,深入调查研究,科学确定鱼类的产卵场、水产种质保护区等;要大力发展远洋渔业、增殖渔业、生态渔业、设施渔业以及休闲渔业,对养殖项目应按照"环保先行"的原则,实行比一般的工业项目更为严格的审查制度,使养殖项目建立在反复科学论证的基础之上。要特别注意在发展养殖渔业时,加强对养殖规模和养殖生产过程的管理,避免因任意投饵、施肥、使用药物、排放污水造成的水域环境污染。

第四章
海洋环境保护的相关法律法规

第一节　海洋生态环境保护的法律依据

海洋生态环境,是指因自然变化或人类活动而引起的海洋生态系统失衡和生态环境恶化,以及由此给人类和整个海洋生物界的生存和发展带来的不利影响。本文探讨海洋生态系统的法律保护,重点是关注围绕人类活动引起的海洋生态环境问题,例如:海洋生物资源衰竭是人类过度开发利用海洋生态系统生物而引起的海洋生态环境问题;海洋环境污染是人类活动增加了某些海洋非生物成分物质而妨碍了海洋生态系统的正常物质能量循环;过度开采珊瑚礁资源对海洋环境的破坏,不仅对依赖珊瑚礁生态的海洋生物造成严重影响,同时也使其丧失了护岸功能,导致海岸蚀退等,这些都引发海洋生态环境问题,危害到海洋生态系统功能的发挥,它直接表现在海洋生物成分和海洋生物多样性减少和生产能力下降等方面。

海洋生态环境保护的法律依据,重点是关注人类活动引发的海洋生态环境问题。

开发、利用、保护海洋资源方面的法律依据实例,国际有:《英法渔业条约》《公海捕鱼及生物资源养护公约》《生物多样性公约》《国际捕鲸管制公约》《濒危野生动植物物种国际贸易公约》等。我国颁布的法律有:《渔业法》《海域使用管理法》,并且《土地管理法》《森林法》《矿产资源法》等法律的相关规定也适用于保护海洋资源。

防治海洋环境污染方面的法律保护实例,如《联合国海洋法公约》除了专门一章是"海洋环境的保护和保全"外,其他部分也有一些条款涉及保护海洋环境问题,如在《海洋倾废公约》《船舶防治污染公约》《国际油污损害民事责任公约》《国际干预公海油污染事故公约》《防止倾倒废物及其他物资污染海洋公约》等十几个有关海洋环境保护的公约、协定等均对防治海洋环境污染进行了规定。我国在防治海洋环境污染方面,除了《环境保护法》外,还专门制定了《海洋环境保护法》,并经过修改完善,特别强调了对海洋生态的保护,增加了"海洋生态保护"一章。此外,《防止船舶污染海域管理条例》《防治陆源污染物污染损害海洋环境管理条例》《海洋倾废管理条例》等法规都对防治海洋环境污染,保护海洋生态环境进行了规定。

面对日益严重的海洋生态环境问题,国际社会对将保护海洋生态环境纳入法律调整早有一定的行动了。例如从1867年的《英法渔业条约》到1982年的《联合国海洋法公约》,海洋生态法律保护正在不断地发展,其中已有众多涉海的国际公约、条约、协议等法律文件以及多边协议、双边协议等在不同程度上强调了保护海洋生态环境的重要性,而这些公约、条约、协议等多数都是从开发利用保护海洋资源和防治海洋环境污染的角度来进行法律保护的,现就这两方的海洋环境法律保护情况简介如下。

一、开发、利用、保护海洋资源方面的法律保护实例

《联合国海洋法公约》所要解决的重大问题之一,就是高速发展的国家对海洋和海底资源的开发利用的秩序。各国之间的竞争,各国所提出的对海洋的空间要求,许多都是针对资源的。对资源的需求引起对空间的要求,对空间的要求是为了达到对空间中的资源占有或者得到资源的某种便利。《联合国海洋法公约》对各国占有、开发、利用海洋资源及其海洋权益维护形成了重大影响,领海、专属经济区、大陆架等法律制度的确立,使各国占有海洋空间的范围扩大。各国之间海域划界,导致矛盾日益突出,对海岛的争端也更加尖锐,对海洋资源的争夺日趋激烈。这一方面在海洋资源的占有、开发、利用上形成全球性的法律秩序,另一方面也引发了海洋安全问题。这也推进了世界各国围绕海洋资源空间分布积极进行双边和多边协议而划界,通过协议划界进一步明确各国对海洋资源的占有、开发、利用,逐步形成海洋资源的开发利用有序化法律保护。

在对海洋资源占有、开发、利用过程中,世界各国也关注了海洋资源的保护。如19世纪中叶的《英法渔业条约》就对海洋渔业资源进行保护;《公海捕鱼及生物资源养护公约》《生物多样性公约》《国际捕鲸管制公约》《濒危野生动植物物种国际贸易公约》等对海洋资源的开发、利用和保护进行了规定;《21世纪议程》也对海洋资源可持续利用进行了规定,各国之间也签订双边或多边协议共同开发、利用、保护海洋资源。如《中日渔业协定》《中韩渔业协定》《中越北部湾渔业合作协定》等对中国与日本、韩国、越南等周边国家合作开发、利用、保护渔业资源进行了规定。

中国是《联合国海洋法公约》的缔约国,为履行《联合国海洋法公约》的要求,

维护中国对海洋资源占有、开发、利用的权益,相继颁布实施了《领海及毗连区法》《专属经济区与大陆架法》,向世界宣布中国 12 n mile 领海及 200 n mile 专属经济区,并努力推进与周边国家签订划界协议以进一步明确对海洋资源的占有、开发、利用的权益范围。

中国为合理开发利用和保护海洋资源,还颁布实施了《渔业法》《海域使用管理法》等法律,并且《土地管理法》《森林法》《矿产资源法》等法律的相关规定也适用于保护海洋资源。如《渔业法》对保护渔业资源的规定,包括禁渔区、禁渔期、休渔制度以及许可证制度等;《海域使用管理法》规定了海域及其资源的有偿使用制度以及使用许可证制度等;《矿产资源法》的采矿许可证制度也同样适用于海洋石油、天然气资源的开发、利用、保护;《海洋石油勘探开发环境保护条约》《对外合作开采海洋石油资源条例》等法规也对中国海底油气资源等的开发、利用、保护进行了规定。

二、防治海洋环境污染方面的法律保护实例

海洋环境污染早已引起世界各国的广泛重视,防治海洋污染、保护海洋环境自 20 世纪 70 年代以来就成为全球环境保护工作的一个重要领域。涉海的国际立法都对防治海洋环境污染给予了高度重视。

《联合国海洋法公约》与以往的"海洋法"相比,明显的区别之一是规定了大量环境保护和保全内容,除专门一章是"海洋环境的保护和保全"外,其他部分也有一些条款涉及保护海洋环境问题。在《海洋倾废公约》《船舶防治污染公约》、《国际油污损害民事责任公约》及各种议定书、《国际干预公海油污事故公约》《干预公海非油类物质污染议定书》《防止倾倒废物及其他物资污染海洋公约》等十几个有关海洋环境保护的公约、协定等国际法律文件中均对防治海洋环境污染进行规定。在保护海洋环境的国际立法中,保护环境的义务是核心问题。按照《联合国海洋法公约》的规定,各国有保全海江环境的义务,各国按照其保护和保全海洋环境的职责来行使开发其自然资源的主权权利。此外,污染管辖权也是一个重要问题。按照《联合国海洋法公约》的规定,进入海洋的陆源污染物由沿海国管辖;国家管辖范围以内的海底活动造成的污染,也由沿海国家管辖;来自船舶和飞机的污染,受沿海国和船舶(飞机)国双重管辖;在领海、专属经济区和大陆架倾倒废物,受沿海国管辖,在公海倾倒废物受船舶国管辖;来自国际海底区域的污染,受国际海底管理局管辖。上述各种海洋环境管理工作,都要遵照《联合国海洋法公约》及其有关国际法规的要求进行。

在防治海洋环境污染方面,中国立法已注意到了海洋生态环境与陆地生态环

境的差别,除了《环境保护法》外,专门制定了《海洋环境保护法》,并经过修改完善。修改后的《海洋环境保护法》特别强调了对海洋生态的保护,增加了"海洋生态保护"一章,具体内容是:第一,强调了国务院及其有关部门和沿海各级政府的责任。如要求国务院和沿海地方各级人民政府应当采取有效措施,保护红树林、珊瑚礁、滨海湿地、海岛、入海河口、重要渔业水域等具有典型性、代表性的海洋生态系统;第二,规定了一些有效的海洋生态保护制度和措施,如在管理制度方面,规定了海洋自然保护区制度、海洋特别保护区制度和新的扩建海水养殖场的环境影响评价制度。要求凡具有典型的海洋自然地理区域、有代表性的自然生态区域以及遭受破坏但经保护能恢复的海洋自然生态区域,海洋生物物种高度丰富的区域或者珍稀、濒危海洋生物物种的天然集中分布区域,具有特殊保护价值的海域、海岸、岛屿、滨海湿地、入海河口和海湾等,具有重大科学文化价值的海洋自然遗迹所在区域和其他需要予以特殊保护的区域,都应当建立海洋自然保护区;第三,严格对破坏海洋生态违法者的制裁措施,不仅规定了单位和个人保护海洋生态的义务,而且对违反规定者规定了具体的制裁措施。《海洋环境保护法》对海洋污染防治也做了规定,如通过制定国家海洋环境质量标准和地方海洋环境质量标准以及国家和地方污染物排放标准等,加强海洋环境管理,并规定征收的排污费、倾倒费必须用于海洋环境污染的整治,不得挪作他用等。此外,《防止船舶污染海域管理条例》《防治陆源污染物污染损害海洋环境管理条例》《海洋倾废管理条例》等法规都对防治海洋环境污染,保护海洋生态环境进行了规定。

与此同时,世界各国海洋环境保护法规也早已形成。例如:(1) 防止石油污染方面的法规有:科威特防止通航水域石油污染的法令(1964 年 2 月 12 日);英国油污染防止法(1971 年 7 月 29 日);加拿大防止油类污染法(1973 年 9 月 26 日);新加坡油类污染民事责任法(1973 年第 43 号法律);日本油污损害赔偿保障法(1975 年 12 月 27 日第 95 号法律)。(2) 防止船舶污染方面的法规有:芬兰防止船舶造成油污损害的法令(1972 年 9 月 22 日第 668 号);瑞典防止船舶污染海水措施法(1972 年 6 月 2 日)。(3) 防止油类以外物质污染海洋方面的法规有:丹麦防止油以外物质污染海洋的措施(1972 年 6 月 7 日第 290 号)法令;瑞典关于禁止向水域排放(倾倒)污染物质的法令(1971 年 12 月 17 日)。(4) 海洋倾废方面的法规有:美国环境保护局关于海洋倾废的规则(1973 年 10 月 15 日);英国海洋倾倒法令(1974 年 6 月 27 日)。(5) 综合性防止海洋污染方面的法规有:日本海洋污染及海上灾害防治法(1970 年 6 月 27 日),加拿大防止北极水域污染法(1970 年 6 月 26 日);新加坡防止海洋污染法令(1971 年 1 月 25 日);阿曼海洋污染管制法(1974 年);日本濑户内海环境保护临时措施法令(1976 年 5 月 28 日第

35 号法律);苏联海运部北方航道管理局法令(1971 年 9 月 16 日)。从这里一方面可以看出世界各国对海洋环境保护的重视,另一方面也充分证明了海洋环境保护早就有法律依据了。

第二节 国际海洋环境保护的法律依据

一、《联合国海洋法公约》中的依据

《联合国海洋法公约》除了专门一章是"海洋环境的保护和保全"外,其他部分也有一些条款涉及保护海洋环境问题,如在《海洋倾废公约》《船舶防治污染公约》《国际油污损害民事责任公约》《国际干预公海油污染事故公约》《防止倾倒废物及其他物资污染海洋公约》等十几个有关海洋环境保护的公约、协定等均对防治海洋环境污染进行了规定。

《联合国海洋法公约》第十二部分专门对海洋环境保护和保全进行了规定,内容包括各国在海洋环境保护和保全方面的权利和义务、国际合作、技术援助、环境监测与评价以及减少和控制海洋环境污染的国际规则和国内立法等。

二、《防止倾倒废物和其他物质污染海洋的公约》中的依据

1972 年 12 月 29 日在伦敦、墨西哥城、莫斯科和华盛顿签订的《防止倾倒废物及其他物质污染海洋的公约》,简称《海洋倾废公约》(又称《伦敦公约》),是为控制因倾倒行为导致的海洋环境污染而订立的全球性公约。本公约各缔约国,认识到海洋环境及赖以生存的生物对人类至关重要,确保对海洋环境进行管理使其质量和资源不致受到损害关系到全体人民的利益;同时认识到海洋吸收废物与转化废物为无害物质以及使自然资源再生的能力不是无限的;也认识到各国按照联合国宪章和国际法原则,有权依照本国的环境政策开发其资源,并有责任保证在其管辖或控制范围内的活动不致损害其他国家的环境或各国管辖范围以外区域的环境;以及联合国大会关于国家管辖范围以外海床洋底及其底土的原则的第2749(XXV)号决议;注意到海洋污染有许多来源,诸如通过大气、河流、河口、出海口及管道的倾倒和排放;各国有必要采取最切实可行的办法防止这类污染,并发展能够减少需处置的有害废物数量的产品和处理办法;确信国际能够并且必须刻不容缓地采取行动,以控制由于倾倒废物而污染海洋,但此种行动不应排除尽快地讨论控制海洋污染其他来源的措施;希望通过鼓励特定地理区域内具有共同利益的各国缔结适当的协定作为本公约的补充,以改进对海洋环境的保护。

三、《国际干预公海油污事故公约》中的依据

本公约简称"公海干预公约"或"干预公约",1969 年 11 月 29 日签订于布鲁塞尔,并于 1975 年 5 月 6 日生效。

公约确定了沿岸国家在干预公海油污事故方面所采取的必要措施,以预防、减轻或消除对海岸线或相关利益者的危害。公约各缔约国,在发生海上事故或与此事故有关的行为之后,如有理由预计到会造成较大有害后果,那就可在公海上采取必要的措施,以防止、减轻或消除由于油类对海洋的污染或污染威胁而对其海岸或有关利益产生的严重而紧迫的危险。

1967 年 Torrey Canyon 号油轮事故引起一系列有关法律、经济和行政管理的问题。这些问题用国际公法无法解决。尤其是沿海国家采取何种措施保护其领海区域免遭污染,这就有必要制定一个新的法律制度,以限制保护其合法利益的该项权利。政府间海事协商组织(IMCO)于 1969 年 11 月 10 日至 29 日在布鲁塞尔召开了国际油污染损害法律会议。会议通过了两个文件:

(1) 国际干预公海油污事故公约;

(2) 国际油污染损害民事责任公约。

干预公约于 1975 年 5 月 6 日生效。

同时会议也意识到比油类更严重危害海洋环境的其他物质,主要是化学品。海协法律委员会做了大量工作,将本公约扩展到除油类以外的物质,起草了一个议定书并提交给 1973 年伦敦海洋污染会议。会议于 1973 年 11 月 2 日通过了该议定书,该议定书已于 1983 年 3 月 30 日生效。

四、《1990 年国际油污防备、反应和合作公约》中的依据

意识到保护人类环境,特别是海洋环境的必要性,认识到船舶、近海装置、海港和油装卸设施的油污事故对海洋环境构成的严重威胁,注意到预防措施和防止工作对于最初避免油污的重要性,严格实施有关海上安全和防止海洋污染的现有国际文件、特别是经修正的《1974 年国际海上人命安全公约》和经修正的《经 1978 年议定书修订的 1973 年国际防止船舶造成污染公约》的必要性,以及提高运油船舶和近海装置的设计、操作和保养标准的迅速发展,又注意到,在发生油污事故时,迅速有效的行动对于减少此种事故可能造成的损害是必要的,强调为抗御油污事故做好有效准备的重要性及石油和航运界在此方面具有的重要作用,进一步认识到在诸种事项中相互支援和国际合作的重要性,其中包括交换各国对油污事故反应能力的资料、制定油污应急计划、交换对海洋环境或各国海岸线或有关利

益可能造成影响的重要事故的报告和研究和开发海洋环境中抗御油污的手段等，考虑到"污染者付款"的原则是国际环境法的普遍原则，还考虑到包括《1969 年国际油污损害民事责任公约》(《责任公约》)、《1971 年设立国际油污损害赔偿基金国际公约》(《基金公约》)在内的有关国际油污损害赔偿责任的国际文件的重要性，以及《责任公约》和《基金公约》的 1984 年议定书尽早生效的迫切需要，进一步考虑到包括区域性公约和协定在内的双边和多边协定和安排的重要性，注意到《联合国海洋法公约》，特别是其第 XII 部分的有关规定，认识到根据发展中国家，特别是小的岛屿国家的特别需要，促进国际合作，提高国家、区域和全球油污防备和反应能力的需要，考虑到缔结《国际油污防备、反应和合作公约》可以最好地达到上述目的，签署协议。

五、《干预公海非油类物质污染协议书》中的依据

本议定书各缔约国，作为 1969 年 11 月 29 日在布鲁塞尔签订的国际干预公海油污事故公约的缔约国，考虑到 1969 年海洋污染损害国际法律会议所通过的关于非油类污染物的国际合作决议，还考虑到，按照该项决议，政府间海事协商组织与一切有关的国际组织合作，已加强了其在非油类污染物的各个方面的工作，制定本协议。

本议定书的缔约国，在发生海上事故或与这种事故有关的行为后，如有理由预计到将造成重大的有害后果，则可在公海上采取必要的措施，以防止、减轻或消除由于非油类物质造成污染或污染威胁而对其海岸或有关利益产生的严重而紧迫的危险。

六、《公海捕鱼和生物资源养护公约》中的依据

公海捕鱼和生物资源养护公约，是规范各国在公海捕鱼和保护公海生物资源的国际公约。

鉴于现代开发海洋生物资源技术之发展，使人类益能供应世界繁殖人口之食物需要，但亦使若干资源有过度开发之虞，并鉴于养护公海生物资源所涉之问题，就其性质而论，显然必须由各关系国家尽可能在国际合作基础上协力求得解决。各国均有任其国民在公海捕鱼之权利，但须遵守其条约义务，尊重本公约所规定之沿海国利益与权利，遵守下列各条关于养护公海生物资源之规定。各国均有义务为本国国民自行或与他国合作实行养护公海生物资源之必要措施。

七、《公海捕鱼和生物资源养护公约》中的依据

1958 年 4 月 29 日订于日内瓦，本公约于 1966 年 3 月 20 日生效。

本公约当事各国,鉴于现代开发海洋生物资源技术之发展,使人类益能供应世界繁殖人口之食物需要,但亦使若干资源有过度开发之虞,并鉴于养护公海生物资源所涉之问题,就其性质而论,显然必须由各关系国家尽可能在国际合作基础上协力求得解决。

八、《国际防止船舶造成污染公约》中的依据

各缔约国,意识到有保护整修人类环境特别是海洋环境的需要,认识到船舶故意地、随便地排放油类和其他有害物质,是一种严重的污染源,也认识到主要目的为保护环境而缔结的第一个多边协议 1954 年国际防止海上油污公约的重要性和该公约在防止海洋和沿海环境污染方面所作出的重大贡献,本着彻底消除有意排放油类和其他有害物质污染海洋环境并将这些物质的意外排放减至最低限度的愿望,考虑到达到这一目的的最好办法是制定一些不限于油污的具有普遍意义的规则。各缔约国保证实施其承担义务的本公约各条款及其附则的各项规定,以防止由于违反公约排放有害物质或含有这种物质的废液而污染海洋环境。

第三节　我国海洋环境保护的法律依据

随着我国经济的快速发展,各地工矿企业的布局和排污等问题越来越引起人们的关注。为此我国政府自 20 世纪 70 年代以来相继颁布实施了一系列环境保护的法律、法规,如在渔业水域环境方面有《中华人民共和国渔业法》(以下简称《渔业法》)、《中华人民共和国环境保护法》(以下简称《环境保护法》)、《中华人民共和国水污染防治法》(以下简称《水污染防治法》)、《中华人民共和国海洋环境保护法》(以下简称《海洋环境保护法》)、《中华人民共和国深海海底区域资源勘探开发法》(以下简称《深海法》),以及渔业水域环境行政法规、渔业水域环境质量标准、渔业水域环境规章和规范性文件、地方性法规和规章等。这些法律、法规都是渔业水域环境保护与管理的法律依据。

一、《环境保护法》中的依据

1979 年 9 月 13 日,全国人大常委会颁布了《中华人民共和国环境保护法(试行)》。1989 年 12 月 26 日,全国人大常委会颁布了《中华人民共和国环境保护法》,自颁布之日起生效;2014 年 4 月 24 日第十二届全国人民代表大会常务委员会第八次会议修订,自 2015 年 1 月 1 日起施行。《环境保护法》是我国环境保护的基本法,也是渔业水域环境保护的基本法。《环境保护法》的内容主要包括我国

环境保护的基本原则、环境监督管理的原则和职能分工、保护和改善环境的基本要求、防治环境污染和其他公害的基本要求,以及违法的法律责任等。虽然《环境保护法》没有专门规定渔业水域环境问题,但在监督管理的条款中,仍然明确规定渔政渔港监督有权依照有关法律的规定对环境污染防治实施监督管理;农业、水利行政主管部门,依照有关法律的规定对资源的保护实施监督管理。

二、《渔业法》中的依据

《渔业法》于 1986 年 1 月 20 日公布,自 1986 年 7 月 1 日起实施,后来经过 2000 年、2004 年、2013 年三次修订。有关渔业水域环境方面的规定包括三个方面:

(一) 关于养殖业中的水域环境保护

《渔业法》第十九条规定:"从事养殖生产不得使用含有害有毒物质的饵料、饲料";第二十条规定:"从事养殖生产应保护水域生态环境,科学确定养殖密度,合理投饵、施肥、使用药物,不得造成水域的环境污染。"

(二) 关于环境对渔业资源的影响

《渔业法》在环境对渔业资源的影响方面的规定主要包括:

(1) 在鱼、虾、蟹洄游通道建闸、筑坝,对渔业资源有严重影响的,建设单位应建造过鱼设施或采取其他补救措施。

(2) 禁止围湖造田。沿海滩涂未经县级以上人民政府批准,不得围垦。重要的苗种基地、养殖场不得围垦。

(3) 进行水下爆破、勘探、施工作业,对渔业资源有严重影响的,作业单位应当事先同有关县级以上人民政府渔业行政主管部门协商,采取措施,防止或减少对渔业资源的损害;造成渔业资源损失的,由县级以上人民政府责令赔偿。

(4) 对用于渔业,并兼有调蓄、灌溉功能的水体,有关主管部门应确定渔业生产所需要的最低水位线。

(三) 关于渔业水域环境污染

关于防止渔业水域环境污染,《渔业法》中规定:"各级人民政府采取措施,保护和改善渔业水域的生态环境,防止污染。"

《渔业法》同时规定:"渔业水域生态环境的监督管理和渔业污染事故的调查处理,依照《中华人民共和国海洋环境保护法》和《中华人民共和国水污染防治法》的有关规定执行。""造成渔业水域生态环境破坏或者渔业污染事故的,依照《中华人民共和国海洋环境保护法》和《中华人民共和国水污染防治法》的规定追究法律责任。"

三、《水污染防治法》中的依据

《水污染防治法》于 1984 年 5 月 11 颁布,11 月 1 日起实施,后于 1996 年修改,1996 年 5 月 15 日起实施。2008 年再次修订,并于 2008 年 6 月 1 日起实施。根据该法第二条规定:"本法适用于中华人民共和国领域内的江河、湖泊、运河、渠道、水库等地表水体及地下水体的污染防治。海洋污染防治适用《中华人民共和国海洋环境保护法》。"因此,《水污染防治法》适用于内陆地表水域和地下水的污染防治,其中包括内陆渔业水域。《水污染防治法》共 8 章 92 条,内容包括以下几方面:

(一)水污染防治的基本原则和制度

我国水污染防治的基本原则是预防为主、防治结合、综合治理,优先保护饮用水水源,严格控制工业污染、城镇生活污染,防治农业面源污染,积极推进生态治理工程建设,预防、控制和减少水环境污染和生态破坏。县级以上人民政府应当将水环境保护工作纳入国民经济和社会发展规划。

(二)水污染防治的标准和规划

国务院环境保护主管部门制定国家水环境质量标准,省级政府可以对国家水环境质量标准中未作规定的项目,制定地方标准。防治水污染应当按流域或者按区域进行统一规划。

(三)水污染防治监督管理的管辖机关和基本原则

县级以上人民政府环境保护主管部门对水污染防治实施统一监督管理。交通主管部门的海事管理机构对船舶污染水域的防治实施监督管理。县级以上政府行政、国土资源、卫生、建设、农业、渔业等部门以及重要江河、湖泊的流域水资源保护机构,在各自的职责范围内,对有关水污染防治实施监督管理。

(四)水污染防治的监督管理

主要包括:水上建设项目和其他设施工程的环境影响评价;重点水污染排放总量控制制度,对未按照要求完成重点水污染物排放总量控制指标的省、自治区、直辖市实行公布制度;排污许可证制度和排污收费制度;水环境质量监测和水污染物排放监测和信息发布制度。

（五）水污染防治措施

包括一般性禁止措施和限制措施；工业水污染防治措施；城镇水污染防治措施；农业时水污染防治措施；船舶水污染防治措施。

（六）饮用水水源和其他特殊水体保护

包括饮用水水源保护区制度；风景名胜区水体、重要渔业水体和其他具有特殊经济文化价值的水体保护区制度。

（七）水污染事故处理

包括突发性水污染事故的应急准备、应急处置、报告、事故调查处理等。

（八）法律责任

详细规定了对违法行为追究的法律责任。

四、《海洋环境保护法》中的依据

我国《海洋环境保护法》于 1982 年 8 月 22 日发布，1983 年 5 月 1 日实施，1999 年修订后的《海洋环境保护法》自 2000 年 4 月 1 日起生效。2017 年 11 月 4 日，第十二届全国人民代表大会常务委员会第三十次会议决定，通过对《中华人民共和国海洋环境保护法》作出修改，自 2017 年 11 月 5 日起施行。《海洋环境保护法》共有 10 章 97 条，主要内容包括以下几方面。

（一）我国海洋环境保护的基本原则和海洋环境监督管理的基本体制

包括重点海域排污总量控制制度、主要污染物排海总量控制指标制度、对主要污染源分配排放控制数量的基本原则性规定，以及对政府环境保护行政主管部门、海洋行政主管部门、海事行政主管部门、渔业行政主管部门、海军环境保护部门在海洋环境监督管理中的职责和分工。

（二）海洋环境的监督管理

主要包括：海洋功能区划和海洋环境保护规划的制定。海洋环境保护规划和海洋环境污染防治及海洋生态保护的实施；海洋环境质量标准的制定及其在水污染排放标准制定中的地位；海洋排污费制度的基本原则；对超标排放污染物、在规定的期限内未完成污染物排放削减任务、造成海洋环境严重污染损害的处理规定；防治海洋环境污染损害的科技研究和开发、企业防治海洋环境污染的要求，以及对严重污染海洋环境的落后生产工艺和落后设备的淘汰制度；海洋环境监视、监测、调查的基本制度；因发生事故或者其他突发性事件，造成或者可能造成海洋环境污染事故的处理；重大海上污染事故应急计划的制订；海洋环境海上联合执法制度等。

（三）海洋生态保护

主要包括：海洋生态保护的基本要求；海洋自然保护区建立；开发利用海洋资源、引进海洋动植物物种、开发海岛及周围海域资源的生态保护要求；海岸生态保护；对海水养殖的生态保护要求等。

（四）防治陆源污染物对海洋环境的污染损害

主要包括：向海域排放陆源污染物的基本要求；入海排污口管理；入海河流管理；排放陆源污染物的单位排放和处理申报；对各类入海污染物的禁止、控制和管理；城市污水处理和污水海洋处理工程建设；防止、减少和控制大气层海洋污染等。

（五）防治海岸工程建设项目对海洋环境的污染损害

主要包括：海岸工程项目建设的基本要求；对海岸工程建设项目编报环境影响报告书的要求；海岸工程建设项目的环境保护设施的设计、施工和使用要求；对兴建海岸工程建设项目保护海洋生物资源的要求，以及对海岸采挖砂石的限制、对露天开采海滨砂矿和从岸上打井开采海底矿产资源环境保护要求等。

（六）防治海洋工程建设项目对海洋环境的污染损害

主要包括：海洋工程建设项目环境保护的基本要求和编报海洋环境影响报告书的要求；海洋工程建设项目的环境保护设施的设计、施工和使用要求；海洋工程建设项目保护海洋生物资源的要求；防止海洋石油污染海洋环境等。

（七）防治倾倒废弃物对海洋环境的污染损害

主要包括：向海洋倾倒废弃物的审查批准制度、评价程序和标准制定，以及向海洋倾倒废弃物的管理；海洋倾倒区的选划、使用和环境监测；获准倾倒废弃物的实施；在海上焚烧废弃物、处置放射性废弃物或其他放射性物质的禁止规定等。

（八）防治船舶及有关作业活动对海洋环境的污染损害

主要包括：船舶及相关作业活动保护海洋环境的基本要求；船舶防止海洋环境污染的证书与文书、防污设备和器材的要求；防止海难事故造成海洋环境污染；船舶油污损害民事赔偿责任制度、油污保险、油污损害赔偿基金制度；船舶载运具有污染危害性货物进出港口的申报制度；船舶装运污染危害性的交付、评估，以及装卸油类及有毒有害货物的作业操作要求；港口、码头、装卸站和船舶修造厂防止污染海洋环境的要求；防止船舶及有关作业污染海洋环境的报批制度；船舶发生海难事故造成或者可能造成海洋环境重大污染损害的处理；船舶和民用航空器监视海上污染的义务及报告要求等。

（九）法律责任

规定了违反《海洋环境保护法》的法律责任和责任追究主体。

除了上述这些法律法规是渔业水域环境保护与管理的法律依据之外，还有国际条约，如《联合国海洋法公约》《防止倾倒废弃物及其他物质污染海洋的公约》《1973年国际防止船舶造成污染公约》《国际干预公海油污事故公约》《1990年国际油污防备、反应和合作公约》《1992年国际油污损害民事责任公约》等。《联合国海洋法公约》第十二部分专门对海洋环境保护和保全进行了规定，内容包括各国在海洋环境保护和保全方面的权利和义务、国际合作、技术援助、环境监测与评价以及减少和控制海洋环境污染的国际规则和国内立法等。由此可见，渔业水域环境保护与管理的法律依据，不仅各国家都有，而且在联合国也有法律依据，说明水域环境保护与管理得到全世界的公认。

五、《深海法》中的依据

《深海法》由中华人民共和国第十二届全国人民代表大会常务委员会第十九次会议于2016年2月26日通过，自2016年5月1日起施行。该法第一条指出："为了规范深海海底区域资源勘探、开发活动，推进深海科学技术研究、资源调查，保护海洋环境，促进深海海底区域资源可持续利用，维护人类共同利益，制定本法。"该法第三章为环境保护，主要针对海洋环境保护而设立。主要内容包括：

第十二条　承包者应当在合理、可行的范围内，利用可获得的先进技术，采取必要措施，防止、减少、控制勘探、开发区域内的活动对海洋环境造成的污染和其他危害。

第十三条　承包者应当按照勘探、开发合同的约定和要求、国务院海洋主管部门规定，调查研究勘探、开发区域的海洋状况，确定环境基线，评估勘探、开发活动可能对海洋环境的影响；制定和执行环境监测方案，监测勘探、开发活动对勘探、开发区域海洋环境的影响，并保证监测设备正常运行，保存原始监测记录。

第十四条　承包者从事勘探、开发活动应当采取必要措施，保护和保全稀有或者脆弱的生态系统，以及衰竭、受威胁或者有灭绝危险的物种和其他海洋生物的生存环境，保护海洋生物多样性，维护海洋资源的可持续利用。

六、《防治船舶污染海洋环境管理条例》中的依据

《防治船舶污染海洋环境管理条例》经 2009 年 9 月 2 日中华人民共和国国务院第 79 次常务会议通过,2009 年 9 月 9 日中华人民共和国国务院令第 561 号公布,自 2010 年 3 月 1 日起施行。其间历经 2013 年 7 月、2013 年 12 月、2014 年 7 月、2016 年 2 月、2017 年 1 月五次修订。该条例分总则、防治船舶及其有关作业活动污染海洋环境的一般规定、船舶污染物的排放和接收、船舶有关作业活动的污染防治、船舶污染事故应急处置、船舶污染事故调查处理、船舶污染事故损害赔偿、法律责任、附则,共 9 章 76 条。1983 年 12 月 29 日国务院发布的《中华人民共和国防止船舶污染海域管理条例》予以废止。

七、《防治陆源污染物污染损害海洋环境管理条例》中的依据

自 1990 年 8 月 1 日起施行。这是为加强对陆地污染源的监督管理,防治陆源污染物污染损害海洋环境,根据《中华人民共和国海洋环境保护法》而制定的,适用于在中华人民共和国境内向海域排放陆源污染物的一切单位和个人。防止拆船污染损害海洋环境,依照《防止拆船污染环境管理条例》执行。

八、《中华人民共和国海洋倾废管理条例》中的依据

1985 年 3 月 6 日国务院发布,根据 2011 年 1 月 8 日《国务院关于废止和修改部分行政法规的决定》第一次修正,根据 2017 年 3 月 1 日《国务院关于修改和废止部分行政法规的决定》第二次修正。为实施《中华人民共和国海洋环境保护法》,严格控制向海洋倾倒废弃物,防止对海洋环境的污染损害,保持生态平衡,保护海洋资源,促进海洋事业的发展,特制定本条例。本条例中的"倾倒",是指利用船舶、航空器、平台及其他载运工具,向海洋处置废弃物和其他物质;向海洋弃置船舶、航空器、平台和其他海上人工构造物,以及向海洋处置由于海底矿物资源的勘探开发及与勘探开发相关的海上加工所产生的废弃物和其他物质。

第五章
海洋资源管理

　　海洋占地球表面积的 71%[①]。和陆地一样,海洋是人类生存的基本条件,与人类的生存、发展有着极为密切的关系。20 世纪 60 年代以来,海洋科学已从认识海洋的阶段向开发利用海洋的阶段发展。21 世纪是海洋的世纪,当今世纪面临人口、资源、环境三大问题,开发利用海洋资源、保护海洋生态环境,是解决上述问题的重要途径。蔚蓝色的海洋正在成为未来世界经济发展的新支柱。随着陆地资源的减少、环境污染的加剧,以及海洋油气开采等资源开发能力的增强,人类已经进入大规模开发利用海洋的新阶段。越来越多的国家把目光转向海洋,将之视作实现经济和社会可持续发展的新机遇和新空间。

　　我国是一个陆地大国,更是一个海洋大国。很多人耳熟能详的是我国拥有 960 万 km² 的国土,却往往忽略了 300 万 km² 的主张管辖海域,以及在国际海底区拥有的 7.5 万 km² 多金属结核矿区。这些宝贵的蓝色国土正是我国巨大的资源宝库,可以长期提供 60% 左右的水产品、20% 以上的石油和天然气、约 70% 的原盐、足够的金属,每年还可为几亿人口的沿海城镇提供丰富的工业用水和生活用水。我国海域辽阔、海岸线漫长、岛屿众多、资源丰富,这为我国开发利用海洋提供了优越的条件。向海洋要财富、变海洋资源优势为经济优势,对我们建设社会主义现代化海洋强国起到越来越重要的作用。

第一节　海洋资源概述

　　海洋资源是自然资源的一个重要组成部分。随着人类种群不断壮大,生产力日益提高,陆地资源日渐枯竭,海洋资源自然成为人类关注的重要对象。资源的管理应以资源的属性和特征进行分类,因为海洋特殊的环境因子,更需对海洋资源的管理有一个深入的分析。

---

　　① 周忠海.国际海洋法[M].北京:中国政法大学出版社,1987:1.

一、海洋资源的概念

在研究海洋资源管理之前,我们需要明确海洋资源的内容。人们对海洋资源的理解是随着科学技术的不断进步和新的海洋领域的不断扩展而发展的,所有不同的人对海洋资源内涵的理解也不尽相同。

在物理学上,对海洋的描述为:海洋是由作为主体的海水水体、生活于其中的海洋生物、邻近海面上空的大气和围绕海洋周缘的海岸等组成的多维结构体。然而,这一描述不足以说明海洋与人类的关系。按照经济学的观点,海洋是人类赖以生存和发展的资源宝库,所以,在经济学上,海洋与海洋资源是联系在一起的,一提到海洋就是指海洋资源。[①]

目前,关于海洋资源的定义多种多样,下面是两种比较典型的定义:

(1)海洋资源是泛指海洋空间中所存在的、在海洋自然力作用下形成并分布在海洋区域内的可供人类开发利用的自然资源[②]。如能在海水中生存的生物(包括人工养殖)、溶解于海水中的化学元素和淡水,海水运动,如波浪、潮汐、海流等所产生的能量,海水中所蕴藏的能量以及海底的矿产资源。这是一种狭义的定义,指的是与海水水体本身有着直接关系的物质和能量。

(2)海洋资源是指存在于海洋及海底地壳中,人类必须付出代价才能够得到的物质与能量的总和。这是广义的说法,除了上述的能量和物质外,还把港湾、四通八达的海洋航线、水产资源加工、海洋上空的风、海底地热、海洋景观、海洋里的空间乃至海洋的纳污能力都视为海洋资源。[③] 总之,一切沿岸海洋空间的利用都属于此列,不论是水体本身还是空间利用,凡是可以创造财富的物质、能量以及设施、活动,都属于海洋资源研究的范畴。

根据上述两种范围的定义,我们可以将海洋资源概括为:海洋固有的,或在海洋内外力作用下形成并分布在海洋地理区域内的,现在和可预见的将来可供人类开发利用并产生经济价值,以提高人类当前和将来福利的物质、能量和空间。

二、海洋资源的分类

海洋辽阔广大,海洋资源种类繁多,海洋资源所包括的内容是相当复杂的。根据不同的研究需要,可以将其分成不同种类。海洋资源根据不同的分类标准,可以分为如下几类:

---

① 戚道孟.自然资源法[M].北京:中国方正出版社,2005:76-77.
② 陈万灵,郭守前.海洋资源特性及其管理方式[J].湛江海洋大学学报,2002(2):7-12.
③ 刘成武,等.自然资源概论[M].北京:科学出版社,2001:277.

（1）根据海洋资源的开发利用，可以将其分成生物资源、矿产资源、化学资源和能源资源。

（2）按照资源是否可能耗竭的特征，将海洋资源分为耗竭性资源和非耗竭性资源。

（3）按照海洋资源性质、特点及存在形态，可分为：

①海洋生物资源：包括渔业资源、海洋药物资源和珍稀物种资源等。

②海底矿产资源：包括金属矿物资源（金属砂矿、基岩金属矿、大洋多金属结核等）、非金属矿产资源（非金属砂矿、海底煤炭、磷灰石和海绿石、岩盐等）、石油和天然气资源。

③海洋空间资源：包括海岸带区域、港口和交通资源、环境空间资源。

④海水资源：包括盐业资源、溶存的化学资源、水资源等。

⑤海洋新能源：包括潮汐能资源、波浪能资源、海流能资源、温差能资源、盐差能资源、海上风能资源等。

⑥海洋旅游资源：包括海洋自然景观旅游资源、娱乐与运动旅游资源、人类海洋历史遗迹旅游资源、海洋科学旅游资源、海洋自然保护区旅游资源等。

第三种分类方法既简单明确，又能体现海洋资源的属性、特征和分布状况。比如，海洋生物资源，它包括了海洋中一切有生命的动植物；海底矿产资源，是指那些被海水覆盖于海底的各种矿物物质；海水化学资源，指的是溶解在海水中的一切化学元素，尽管它们的含量有多有少，但共同的特点是布满整个水域，并且主要以离子状态存在。[1]

三、海洋资源的性质

资源是一种财富，具有价值和使用价值的性质，是一事物区别于其他事物的内在属性。海洋资源的特征不仅决定着它自身价值的实现方式，也决定着海洋资源管理的方向。

（一）海洋资源水介质的流动性、连续性和立体性

海水不是静止不动，而是向水平方向或垂直方向移动的。溶解于海水的矿物随海水的流动而位移；污染物也经常随着海水的流动在大范围内移动和扩散。部分鱼类和其他一些海洋生物也具有洄游的习性。这些海洋自然的流动使人们难以对这些资源进行明确而有效的占有和划分。世界海洋是一体的，资源是公有

---

① 帅学明，朱坚真.海洋综合管理概论[M].北京：经济科学出版社，2009.

的,这样就给人类的开发带来一个在不同国家间利益和养护责任的分配问题;污染物的扩散与移动则可能会给其他地区造成损失,甚至引起国际问题,这些都给海洋资源开放带来了困难。

因海水具有三维的特性,海洋资源分布因此也具有三维特性。所谓的三维特性是指海洋生物与海洋资源的立体分布。如同陆地上的山脉一般,生活在海水中的各种生物和海底矿物以及海滨风光,这些资源也呈立体状分布于海洋地理范围内,往往可以由不同的部门同时利用。但是相对应的,海洋油污扩散也在某种程度上呈立体状。另外,这样的三维立体性使海上固定设施建设较为困难。

(二)经济价值和生态价值合一

海洋资源是人类生存和生产的物质条件,具有巨大的经济价值,它具有有限性、稀缺性和效用性,是有价值的商品。同时,海洋资源又是组成地球生态系统和引起生态系统变化的重要因素。海洋资源的经济功能和生态功能相互依存、相互影响,因此它的开发利用不能仅仅追求占有使用收益效率最大化,还要考虑到海洋生态系统的平衡以及与其他生态系统的协调。

(三)私人物品和公共物品合一

海洋资源一方面具有很强的私人物品属性,比如海洋矿产资源和海洋生物资源可以分割给不同的人使用,使用权具有竞争性,而且可以独占。而另一方面,像海洋空间资源就具有公共物品的属性,它的使用是非竞争性的和非独占性的,在使用这种资源时会产生外部性。

世界海洋总面积的 35.8% 以领海大陆架的 200 n mile 专属经济水域的形式划归沿海国家管辖,其他 64.2%(约合 2.3 亿 km²)的区域为世界公有。在划归沿海国家管辖的水域内,船舶航行仍是自由的,从这一点上说,这个区域也是公有的。即使是各国的领海,其他国家的船舶也有通过的自由。公海和国际海底的资源是世界共有的,各国都有权开发利用。各国通过缴纳一定的养护费可以获得别国管辖海域渔业资源的捕捞权,内陆国可以在沿海国管辖海域内获得一定数量的剩余捕捞量,这也是与陆地资源不同的。因此,在考虑海洋资源时,更要梳理全球意识,制定开发利用全球性的海洋资源战略。

(四)存在的自然性和利用的社会性合一

海洋资源种类繁多,性质功能各异,但它们都是不依赖于人类而客观存在的自然要素。它们的发展变化遵循一定的自然规律,人类对它们的获取和利用不是随心所欲的。海洋资源利用的社会性应理解为海洋资源的效用随着兴趣、技术的变化或新发现而实时变化,同时海洋资源的社会性还表现在海洋资源是人需要的,并且这种需要是可满足的自然资源,是生产资料和生活资料的天然来源,它存在的目的就是满足人类生产和生活的需要。因此,海洋资源的管理需要社会公众的参与[①]。

(五)海洋资源的多功能性和多重使用上的冲突性。

海洋资源环境是一个立体的综合的空间,人类对其每一个界面均有不同的使用方式。海洋表面可由商船、邮轮、战舰等各种船舶航行,水体中有潜艇运行,海床上铺设海底电缆管道,海岸地区有海滩及各种人类的沿岸活动。于是各类海洋活动的冲突就有可能发生,如利用海洋空间资源和纳污能力处置废弃物时,可能因此造成海洋环境污染;进行海洋石油气勘探开发时,某些航运与渔业利益亦可能因此受到限制;利用海岸地区做休闲娱乐之用时,海边的工业活动势必受到压抑。因此,如何综合利用海洋资源,协调海洋资源的各种功能,充分实现海洋资源效益的最大化,始终是海洋资源管理必须解决的问题。

(六)海洋资源赋存环境的复杂性

人类的海上活动受海洋环境的影响较大,甚至海洋气象对生产方式起支配性作用。从技术上来讲,改变海洋气象的难度相当大,风浪、盐分的腐蚀以及海洋自然灾害等因素使得海洋开发不仅艰巨性大、技术要求高,而且风险也高。另外,由于现阶段人类对海洋许多自然现象的了解尚不充分,更增加了这种风险的系数。

四、海洋资源的价值

海洋里都有啥?我们来看看海洋里面的资源。

先来看看海水的资源。我们知道海水是咸的,那是因为海水里有很多的矿物质。海水的平均盐度是35‰,里面溶解有80多种元素,这些元素里,有些含量比较高一点,属于主量元素。比如我们平时吃的盐有很大一部分就是从海水里面提炼出来的。

如果把这些海水里面的矿物质全部提炼出来的话,光食盐就可以有3 770亿t,如果铺到全球地面上,能够使地面增高150 m。除此之外,海水里面还有其他的元素,比如镁就有1 800多亿t,此外还有钠、镁、钙、钾等,取1 kg的海水,里面就会有几克这些元素。我们现在就有能力把它们都提炼出来。

除了海水资源,海洋里还有鱼、虾、贝壳、珊瑚等海洋生物资源,这些生物,经

---

① 徐祥民.环境法学[M].北京:北京大学出版社,2005:316 - 317.

科学家调查统计大概有 20 万种以上,包括海洋植物和海洋动物,其中海洋动物占绝大多数,大概有 18 万种,海洋植物有 2 万来种。这些海洋生物每年给人类提供大概 6 亿 t 的海产品,其中蛋白质占了 22％。

还有不得不提的就是基因资源。说到海洋生物,有一个概念叫作阳光生物圈——万物生长要靠太阳,太阳光是基础能量,植物通过光合作用吸收二氧化碳,把它转化为有机碳,转化为葡萄糖、淀粉,动物吃了植物,然后就组成了一个生态系统。

除了阳光生物圈还有黑暗生物圈,黑暗生物圈是 20 世纪 70 年代才首次发现的。这个生物圈可以不依赖阳光,里面的微生物却仍然非常丰富,是一个独特的生态环境。这些生物有本事在恶劣的条件下生长,它们本身肯定有一些非常独特的基因,而这些基因就是我们科学家研究的对象,可以用来被人类开发利用。

还有就是矿产资源。海洋里面有许多矿产资源,首先在大陆边缘比较靠近陆地的地方,1 000 m 水深范围以内就能够找到天然气水合物资源,俗称可燃冰,主要成分是甲烷和水,火柴一划它就能燃烧。然后我们要到大海深海盆地里四五千米深的地方,能够看到多金属结核,它各种金属含量非常高,主要是铁、汞、铜、镍这些金属元素。多金属结核估计总储量有 1.5 万亿 t 至 3 万亿吨 t,比陆地上现在探明的那些金属资源含量要高得多。另外,它在漫长的过程中记录了整个地球的气候与环境的变化历史。它可以告诉我们地球上过去两三千万年以来都发生了什么。天然气水合物很有可能成为新的替代性能源。

国际海底区域面积约 2.517 亿 km²,占地球面积的 49％,这一广阔区域内蕴藏着丰富的金属、能源和生物资源,但尚未被人类充分认识和开发利用。它是人类共同继承的财产,是 21 世纪重要的陆地可接替资源基地。而且深海大洋研究还孕育着重大的理论突破。我国的深海研究非常薄弱,随着地球科学进入以全球性的各圈层相互作用为特色的系统科学阶段,对深海大洋的研究更为迫切。

从 20 世纪中叶开始的深海热液成矿体系研究、深海热泉生物群落的发现与应用研究、天然水合物的应用开发、大洋结核的采集与开发,使国际深海研究高潮迭起。即将开始的新一轮"蓝色圈地"运动将成为 21 世纪国际海洋资源争夺的主旋律。海洋资源的研究与开发是世界各国充分展示综合实力、争取海洋权益、发展高新技术和开展外交与合作的综合性活动。

我国陆上自然资源严重不足、人口压力巨大,这一切迫使我们必须将眼光转向海洋。发展海洋高新技术探查和开采海底石油、天然气、天然气水合物等重要矿物资源,合理、高效开发海洋生物资源是保持我国海洋经济乃至国民经济稳定、高速、持续发展的关键。

第二节　海洋资源管理体系

海洋资源管理体系可以从管理宗旨、管理主体、管理对象、管理内容四部分进行分析(见图 5 - 1)。

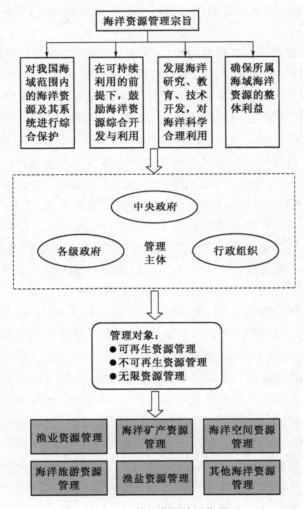

图 5 - 1　海洋资源管理体系

一、海洋资源管理宗旨

我国海洋资源的区域综合管理的区域范围是指中华人民共和国所属海域,包括水、领海的水面、水体、海床和底土。我国实施海洋资源区域综合管理的目的主要表现在:通过对我国海域范围内海洋资源的综合和协调开发、保护和再生产维持,实现我国海洋资源的可持续利用。我国海洋资源区域综合管理的具体目标主要表现在:第一,对我国海域范围内的海洋资源及其系统进行综合保护;第二,在不破坏海洋环境和资源可持续利用的前提下,鼓励对海洋资源的综合开发与利用;第三,发展我国海洋研究、教育、技术开发等事业,以确保未来对海洋的科学合理利用;第四,通过海洋资源所有权保护和相应执法,最大限度地确保我国对所属海域海洋资源的整体利益。

二、海洋资源管理主体

对于各个国家而言,国家政府依法行使对海洋的行政管理权力,主要包括维护国家海洋权力、保护海洋环境、海洋资源管理三类[①]。由于海洋资源管理的范围广、关系复杂,我国目前的管理体制大致有三种情况:一是中央政府设置的行政部门负责相关资源的宏观管理,如农林部渔政司负责渔业资源的管理,交通部负责港口、航道和海上交通的管理,国家海洋局负责海洋权益和海洋环境的管理等;二是地方各级政府设置的行政(或业务)部门,负责所辖海区的海洋资源的具体管理;三是从事海洋开发等实践活动的行业组织,负责行业内的管理,如海洋石油总公司等。相对应的,海洋资源管理主体分为中央政府、各级政府、行业组织三个行政主体。但是,也正是因为海洋管理体制的主体涉及政府的多个职能部门和多个行业,所以在部门之间、行业之间、部门与行业间存在着不可避免的利益之争,中央职能部门统一的管理与地方政府的海洋利益也有体制上的矛盾。因此,如何对各海洋管理主体进行协调、规范,已成为海洋管理体制建设的重要任务。

三、海洋资源管理对象

我国海洋资源管理的对象包括中华人民共和国海域范围内所有探明的和未探明的海洋资源,由于海洋资源本身存在的多样性和复杂性,管理的方法也不尽相同。海洋资源管理包括可再生资源管理、不可再生资源管理、无限资源管理三类。

---

① 翟伟康,张建辉.全国海域使用现状分析及管理对策[J].资源科学,2013(02):405-411.

（一）可再生资源管理

由于这些资源具有再生的特点，管理的目的主要是维护资源的再生性，将资源开发的强度严格地控制在资源更新的许可范围之内，防止过度开发造成资源再生产的非良性循环，保持资源对象能够永续利用，维持其良好的状况并按人类的需要获得改善，维护生态系统的健康，维护自然界生物与非生物环境之间和生物有机体之间的协调平衡，避免人为因素直接或间接对海洋生态系的压迫。

（二）不可再生资源管理

对于具有不可逆转性的资源，其开发利用方针主要侧重于开源节流，一方面努力发现并掌握一些自然资源的新储量，扩大可供开发的基础潜力；另一方面要节流，避免开发中的资源浪费，通过技术和工艺的革新改造，降低消耗，提高原材料利用率。另外，为了防止未来资源的枯竭，必须及早地研究，寻找可以替代的资源，延长资源的使用寿命。

（三）无限资源的管理

无限资源虽具有用之不竭的特点，但在开发中依然要加强管理工作，保证合理开发和良好的效益。如海底锰结核就属于无限资源，据调查发现，锰结核每年生长的数量要超过人类开采的数量，但是在锰结核的开发过程中要特别注意，开采活动对海底地质、生态环境、海底生物的影响，以避免带来不必要的副作用，造成无法逆转的严重后果。

四、我国的海洋资源管理基本内容

海洋资源管理的基本任务是由开发实践决定的，我国的海洋资源管理主要是按照资源属性形成的不同产业进行管理，根据有关政策、法律法规按行业和部门为主进行。涉及的管理领域主要包括：

（一）渔业资源管理

渔业资源是人类开发利用最早的海洋资源之一，是在海洋持续利用中备受关注的资源对象。我国海域分布着许多鱼产量很高的渔场，如黄渤海渔场、舟山渔场、南海沿岸渔场、北部湾渔场、吕泗渔场、大沙渔场、闽南渔场等，前四个被称为我国的四大渔场。据估算，我国海域目前最佳渔业捕获量为 280 万～330 万 t。但从 20 世纪 70 年代以来，由于我国海洋渔业捕捞强度越来越大，有时甚至酷渔滥捕，加上海洋污染日趋严重，我国沿岸近海渔业资源不同程度地受到损害或破坏而呈技术衰退趋势。目前，我国渔业资源管理的主要内容是：(1) 通过国家以及与国际组织合作,调查评估国家管辖海域和相关公海区域的渔业资源分布、数量、质量与变动状况,为资源的养护、持久利用和控制调节等管理活动提供科学依据;(2) 制定并实施保障海洋渔业及所有海洋生物资源持久利用的战略;(3) 按照国家立法和《联合国海洋法公约》要求,确定各海区适宜捕捞量,再由渔政部门向生产单位或个人分配下达捕捞数量指标,发放捕捞许可证与限量捕捞许可证,并负责进行监督、检查;(4) 依据有关法律法规,通过控制使用渔船、渔具标准和规定捕捞对象技术标准,维护海洋渔业种类资源的生态平衡,避免资源的严重破坏;(5) 制定并采取积极政策与措施,大力鼓励近海海水养殖业和增殖渔业的发展,进一步提高资源利用效益;(6) 严禁严重破坏资源的捕捞方法,如炸鱼、毒鱼等;施行禁渔区和伏季休渔制度。

(二) 海洋矿产资源管理

我国海域海底有着储量丰富、种类繁多的矿产资源,如石油和天然气、海滨矿砂,铜、金、煤以及沉积于海底的其他多种金属矿产资源,其中石油是我国海底矿产中最重要的资源。目前对海洋矿产资源的主导思想是对开发活动进行合理、科学的控制,提高资源使用效益水平,达到综合开采、综合利用、开源节流的目的。各级主管部门根据开采者的申请报告依法进行审批,经批准的项目,由相应的矿管部门颁发采矿许可证,并对资源开发利用情况和保护工作进行监督管理。组织实施对海洋矿产资源持续利用的评价工作。统一管理海洋矿产资源的调查、勘探、资源储量、评价结论等资料。

(三) 海洋空间资源管理

我国海洋空间资源管理主要集中在港口资源、海上交通运输和海岸带管理方面。我国港口资源比较丰富,其中可供建设中级泊位的港址有 160 多处,可供建设万吨级以上泊位的港址有 30~40 处。目前,我国沿海已经开发建设的港口有 135 个,属大中型的有 30 多个,能接纳万吨级以上船舶的有 21 个。我国大陆海岸线北起鸭绿江口,南到北仑河口,长达 18 000 多 km,海岸带区域辽阔。我国的海上交通运输业也很发达。在海洋空间资源开发不断增长的情况下,我国对海洋空间资源管理的主要内容有:(1) 根据《中华人民共和国海域使用管理法》的要求和我国海域功能区划,审批海洋空间资源的使用;(2) 管理海洋空间资源利用的合理布局,如海港建设、海上机场建设的项目选址、论证、评价等管理工作;(3) 进行海域使用的协调管理,如对开发项目使用区域的重叠与交叉矛盾、开发项目对其他海洋资源的消极影响矛盾、不同主管部门对空间资源利用意见的矛盾等问题的处理和协调等。

（四）海洋旅游资源管理

我国海岸线漫长而曲折，岬湾相间，岛屿众多，气候类型多样，风光旖旎，因而有着良好的海洋旅游资源开发基础。目前，海洋旅游资源的管理工作集中在以下几个方面：（1）开展海洋旅游资源分布、类型、数量的普查和价值登记评定，以全面掌握旅游资源的基本情况，并按照国家或地方制定的标准划分出资源等级，作为开发和管理的依据；（2）进一步研究并建立适应社会主义市场经济条件下合理的海洋旅游资源管理体制，提高管理效率；（3）对我国海洋旅游资源进行统一规划并进行开发秩序的管理。

（五）海盐资源管理

海盐是人们日常生活的必需品，也是化工生产的重要原料。目前，我国有宜盐土地和滩涂 $8\,400\ km^2$，其中山东省 $2\,740\ km^2$、河北省 $1\,670\ km^2$、辽宁省 $940\ km^2$、江苏省 $1\,170\ km^2$、福建省 $1\,050\ km^2$、天津市 $390\ km^2$、广东省 $130\ km^2$、广西壮族自治区 $70\ km^2$、浙江省 $160\ km^2$、海南省 $80\ km^2$。当前，我国对海盐资源的管理主要是：（1）进一步组织海盐资源调查、评价和区划；（2）协调盐业资源开发中出现的矛盾；（3）根据《中华人民共和国盐业管理条例》开展盐资源的保护工作；（4）加强对盐资源开发的技术管理工作，努力提高开发效益。

（六）其他海洋资源管理

除上述的海洋资源管理任务外，还有海洋能源管理、海水与海水化学资源管理、海洋药物资源管理、海底文物资源管理等。但是，这些资源的开发利用，有点规模，影响还不大；有的尚处于探索、研究之中，还没有真正进入实用阶段，尚带有一定的不稳定性；有的虽属于海洋资源，但就资源的性质而言，还不属于自然资源，比如海底文物资源。对于这部分资源的管理，全世界范围内还没有明确的管理制度，尚属于新生制度研究对象，因此，管理的原则相对宽泛，只要不危害海洋环境、海洋生物、海洋地质，维持完整的海洋生态系统，便于后期持续性开发即可。

第三节　我国海洋资源状况概述

中国海岸线长达 $18\,000$ 多 km，管辖海域约 300 万 km^2，相当于我国陆地面积的 $1/3$，同时还分布着面积大于 $500\ m^2$ 的岛屿 $5\,000$ 多个，属于海洋大国。中国海域蕴藏着丰富的资源，因此制定正确的海洋发展战略，积极开发利用海洋资源，对我国经济的可持续发展具有重要意义。

一、沿海滩涂和浅海资源

我国沿海滩涂资源丰富,总面积为 2.17 万 km²(合 3 255 万 mu)。由于我国沿海入海河流每年带入的泥沙量为 17 亿～26 亿 t,平均约 20 亿 t,它们在沿岸沉积形成滩涂,每年淤涨的滩涂总面积约 40 万 mu,使我国滩涂资源不断增加。滩涂资源主要分布在平原海岸,渤海占 31.3%,黄海占 26.8%,东海占 25.6%,南海占 16.3%。

浅海资源由于陆架宽广也很丰富。0～15 m 水深的浅海面积为 123 800 km²,占近海总面积的 2.6%。按海区分,渤海为 31 120 km²,黄海为 30 330 km²,东海为 38 980 km²,南海为 23 330 km²。

滩涂和浅海是我国发展种、养殖业的重要基地。

二、港址资源

我国港址资源丰富的原因是我国大陆有基岩海岸 5 000 多 km,占全国大陆岸线总长的 1/4 以上。这类海岸线曲折、岬湾相间,深入陆地港湾众多。它们的特征是岸滩狭窄,坡度陡,水深大,许多岸段 5～10 m 等深线逼近岸边,可选为大中型港址。淤泥质海岸 4 000 多 km,其中大河河口岸段常有一些受掩护的深水岸段和较稳定的深水河槽,可建大中型港口。砂砾质海岸呈零星分布,岸滩组成以砂砾为主,岸滩较窄、坡度较陡,堆积地貌发育类型多,常伴有沿岸沙坝、潮汐通道和潟湖,有一定水深和掩护条件,可建中小型港口。

我国沿岸有 160 多个大于 10 km² 的海湾,10 多个大、中河口,深水岸段总长达 400 多 km。绝大多数地区常年不冻。除邻近河口外,大部分岸段无泥沙淤积或很少,基本具备良好的港址环境条件。目前,可供选择建设中级泊位以上的港址有 164 处。

三、海岛资源

海岛是连接陆地国土和海洋国土的结合部,它兼备丰富的海、陆资源,在海洋经济和沿海经济发展中具有重要的作用。

据不完全统计(台湾省、香港和澳门特别行政区所属岛屿暂未列入),我国共有面积大于 500 m² 的岛屿 5 000 多个,总面积为 8 万 km²,约占全国陆地总面积的0.8%,其中有人居住的岛屿 400 多个,共有人口约 500 万。我国海岛分布很不均匀。东海岛屿最多,约占全国岛屿总数的 58%;南海次之,约占 28%;黄海、渤海最少,约占 14%。

我国海岛资源丰富,主要有以下几种。

陆土资源。全国海岛共有农田面积 1 900 多万 mu,森林面积 5 600 多万 mu。其中,山东的海岛农田面积最大,约 900 万 mu;海南的海岛森林面积最大,约 450 万 mu。

滩涂资源。全国海岛滩涂资源共有 650 多万 mu,其中山东最多,约 150 万 mu。

可养殖水面。全国海岛共有可养殖水面 1 200 多万 mu,其中福建最多,为 620 多万 mu。

港址资源。全国海岛共有港址 370 多个,其中浙江最多,为 178 处。

旅游资源。海岛具有独特的自然景观、生态环境、人文古迹等,全国可供旅游的海岛接近 300 个。

矿物资源。不少海岛蕴藏着非金属和金属矿物,特别是南沙群岛及其附近海域尤以石油和天然气储量最丰富。

四、海洋生物资源

中国近海海洋生物物种繁多,达 20 278 种。海洋生物种类以暖温性种类为主,其次有暖水性和冷温性及少数冷水性种类。由于黄、东、南海的外缘为岛链所环绕,属半封闭性海域,故海洋生物种类具有半封闭性和地域性特点,多为地方性种类,还有少数土著种和特有种,而世界广布种较少。海洋植物主要为藻类,另有少量种子植物。海洋动物种类颇多,几乎从低等的原生动物到高等的哺乳动物的各个门、纲类动物都有代表性种类分布。

中国海域被确认的浮游藻类有 1 500 多种,固着性藻类有 320 多种。海洋动物共有 12 500 多种,其中,无脊椎动物 9 000 多种,脊椎动物 3 200 多种。无脊椎动物中有浮游动物 1 000 多种,软体动物 2 500 多种,甲壳类约 2 900 种,环节动物近 900 种。脊椎动物中以鱼类为主,近 3 000 种,包括软骨鱼 200 多种,硬骨鱼 2 700 余种。

我国近海的年平均生物生产量为 3.020 t/km²,在全球范围属中下水平。南太平洋年平均生产生物量为 18.2 t/km²,日本近海为 11.8 t/km²,北海为 4.7 t/km²。我国诸海中,年平均生物生产量以东海最高,为 3.92 t/km²。

我国海洋渔业的最佳资源可捕量为 280 万~329 万 t。其中,中上层鱼类为 76 万~89 万 t,占 27%;底层近底层鱼类为 106 万~125 万 t,占 38%;头足类为 11 万~13 万 t,占 4%;虾蟹类为 39 万~46 万 t,占 14%;其他为 48 万~56 万 t,占 17%。按海区分,黄海渤海区最佳资源可捕量为 55 万~65 万 t,东海区为 140 万~170 万 t,南海区为 100 万~121 万 t。

五、海洋油气资源

我国近海大陆架石油资源量约为 240 余亿 t,天然气资源量约为 13 万亿 m^3。据有关部门初步估计,我国近海各海区的油气资源量为:

渤海:石油资源量约为 40 余亿 t;天然气资源量约为 1 万亿 m^3。

东海:石油资源量约为 50 余亿 t;天然气资源量约为 2 万亿 m^3。

南黄海:石油资源量约为 5 亿 t;天然气资源量约为 600 亿 m^3。

南海(不包括台湾西南部、东沙群岛南部和西部、中沙和南沙群南海域):石油资源量约为 150 亿 t;天然气资源量约为 10 万亿 m^3。

中国深海区的石油和天然气资源,由于调查工作还较少,目前只发现曾母暗沙—沙巴盆地、巴拉望西北盆地、礼乐太平盆地、中建岛西盆地、管事滩北盆地、万安滩西北盆地和冲绳盆地等,其石油资源量估计约 200 多亿 t,天然气资源量估计约为 8 万亿 m^3。

1990 年底,我国近海已发现和证实含油气构造 63 个,通过对其中 39 个构造的储量计算,得出近海石油的地质储量为 7 亿多 t,探明储量为 5 亿多 t,储油面积将近 200 km^2,其中可采储量为 1 亿多 t。我国近海天然气探明储量为 1 000 多亿 m^3,储气面积为 80 多 km^2,其中可采储量为 700 多亿 m^3。

六、滨海砂矿资源

我国滨海砂矿的种类达 60 种以上,世界滨海砂矿的种类几乎在我国均有蕴藏,主要有钛铁矿、锆石、金红石、独居石、磷钇矿、磁铁矿、锡石、铬铁矿、铌(钽)铁矿、锐钛矿、石英砂、石榴子石等。我国滨海砂矿类型以海积砂矿为主,其次为海、河混合堆积砂矿,多数矿床以共生形式存在。

我国滨海砂矿探明储量为 15.25 亿 t,其中滨海金属矿为 0.25 亿 t,非金属矿为 15 亿 t。金属矿产储量包括钛铁矿、锆石、金红石、独居石、磷钇矿等。滨海砂矿中的锆石和钛铁矿两种就占滨海金属矿藏总量的 90% 以上。

我国滨海金属矿主要分布在南方沿海,种类也多。广东和福建两省的储量占我国滨海金属矿和非金属矿储量的 90% 以上。其次是山东和辽宁两省,也有锆石、钛铁矿、独居石等。目前已探明的主要矿产地上百处,各类矿床 208 个、矿点 106 处。

七、深海矿产资源

我国多金属结核资源包括中国管辖海域赋存的资源和国际海底享有的资源。

1979～1989 年我国在南海中央海盆和大陆坡调查时发现了海底多金属结核,主要分布在北纬 14°～21°31′、东经 115°～118°,水深 2 000～4 000 m 海底。多金属结核直径一般在 5～14 cm。多金属结核的富集区面积约 3 200 km²,位于中沙群岛南部深海盆及东沙群岛东南和南部平缓的陆坡区。由于多金属结核的含矿品位不高,分布不集中,目前还尚未开展详细调查。

国际海底(领海、专属经济区和大陆架以外的深海大洋底部)及其资源是人类的共同继承财产。位于太平洋东北部以克拉里昂—克里帕顿断裂带为边界的海区,是品位和丰度都很高的远景矿区,储量达 150 亿 t。1987 年联合国国际海底管理局筹委会批准苏联、日本、法国和印度为先驱投资者。这些国家的调查工作始于 50 年代。我国海上勘探活动始于 70 年代中期,大规模勘探活动始于 80 年代初。80 年代末我国从 200 万 km² 的调查海域中,按照矿区平均丰度、品位和海底地形坡度的指标要求,在北纬 7°～13°、西经 138°～157°的范围内,圈出具有商业开采价值的 30.1 万 km² 的远景矿区。1990 年经国务院批准,向联合国国际海底管理局筹委会申请矿区登记,选划出 15 万 km² 的勘探开辟区。1991 年 3 月 5日我国被批准为世界第五个登记的"深海采矿先驱投资者"。近年来我国采用多种先进技术手段,在 15 万 km² 的开辟区中,探明了各区多金属结核的品位、丰度、地形地貌环境及其分布特点。

热液矿床是深海又一重要的矿产资源。1986 年 6 月日本与德国的联合调查显示,在东海冲绳海槽西北水深 1 400 m 处,发现了大规模的热液硫化物矿床。估计 1 t 矿石含金 14 g、银 11 kg,铜、锑只占 4%,锌占 24%,经济价值高,是世界上迄今在海底发现含贵金属品位最高的热液矿床。同年 9 月,日本在冲绳海域伊是名海谷及伊平屋海渊发现有 200℃ 以上的热液喷溢,喷出物的沉淀物有碳酸钙、锑、锌、金、银和硫化物等。

八、海水化学资源

海水中含有多种元素,全球海水中含氯化钠达 4 亿亿 t。我国沿海许多地区都有含盐量高的海水资源。南海的西沙、南沙群岛的沿岸水域年平均盐度为33～34,渤海海峡北部、山东半岛东部和南部年平均盐度为 31,闽浙沿岸年平均盐度为 28～32。

海水中含有 80 多种元素和多种溶解的矿物质,从海水中提取陆上资源较少的镁、钾、溴等都具有很大潜力。海水中还含有 200 万 t 重水,是核聚变原料和未来的能源。

另外,渤海湾、莱州湾、福州湾沿岸的滨海平原还分布着大量高浓度的地下卤水资源,其中莱州湾约 1 567 km²,卤水总净储量为 74 亿 m³,含盐量为 6.46 亿 t,含氯化钾为 0.15 亿 t。渤海湾地区仅天津市分布约 376 km²,卤水储量达6.24 亿 m³,含盐量为 0.27 亿 t。这些卤水资源储藏浅、易开采,是制盐和盐化工的理想原料。

九、滨海旅游资源

我国沿海地带跨越热带、亚热带、温带三个气候带,具备"阳光、沙滩、海水、空气、绿色"五个旅游资源基本要素,旅游资源种类繁多,数量丰富。据初步调查,我国有海滨旅游景点 1 500 多处,滨海沙滩 100 多处,其中最重要的有国务院公布的 16 个国家历史文化名城,25 处国家重点风景名胜区,130 处全国重点文物保护单位以及 5 处国家海岸自然保护区。按资源类型分,共有 273 处主要景点,其中有 45 处海岸景点,15 处最主要的岛屿景点,8 处奇特景点,19 处比较重要的生态景点,5 处海底景点,62 处比较著名的山岳景点,以及 119 处比较有名的人文景点。

十、海洋能资源

我国海洋能资源经调查和估算,资源蕴藏量约 4.31 亿 kW。我国大陆沿岸潮汐能资源蕴藏量达 1.1 亿 kW,年发电量可达 2 750 亿 kW·h,大部分分布在浙江和福建两省,约占全国的 81%。波浪能总蕴藏量为 0.23 亿 kW,主要分布在广东、福建、浙江、海南和台湾的附近海域。海洋潮流能主要分布在沿海 92 个水道,可开发的装机容量为 0.183 亿 kW,年发电量约 270 亿 kW·h。我国海洋温差能按海水垂直温差大于 18℃ 的区域估计,可开发的面积约 3 000 km²,可利用的热能资源量约 1.5 亿 kW,主要分布在南海中部海域。我国河口区海水盐差能资源量估计为 1.1 亿 kW。海流能资源量估计约 0.2 亿 kW。

十一、海洋资源评价

我国的"海洋国土"近 300 万 km²,就绝对数量而言,在世界沿海国家中名列第 9 位。海岸线总长 32 000 多 km(大陆岸线长 18 000 多 km,岛屿岸线长14 000 多 km),也位于世界前 10 名之列。然而,我国海陆面积之比很小,仅为0.31,大大低于世界海陆面积平均比值 0.87,在 140 个沿海国家中仅居 108 位。

我国人均海洋国土面积则更少,仅为 0.002 7 km²,在世界沿海国家中排名第 122 位。海岸线系数仅为 0.001 8,在沿海国家中居第 94 位。

我国近海鱼类可捕量约 400 万 t,占世界海洋鱼类可捕量的 4%。但我国近海鱼类可捕量人均还不到 4 kg,大大低于世界人均可捕量 19 kg 的水平。我国近海石油资源探明储量为 5 亿多 t,占世界海洋石油资源探明储量的 1.8%;海洋天然气探明储量为 1 000 多亿 m³,占世界海洋天然气探明储量的 0.57%。其他资源,如滩涂、港址、滨海砂矿和旅游资源等人均占有量也大大低于世界沿海国家的平均水平。

第四节　我国海洋资源管理现状及对策

一、我国海洋资源管理发展进程

我国很早就开始关注海洋资源管理,保护海洋环境,明清朝时期的"禁海令"就是我国古代海洋资源管理政策的典型代表。近代中国海洋资源管理开始于 20 世纪 80 年代,由于开采技术和追求利益的盲目性,我国也面临着较为严重的海洋生态人为性破坏,以及开采不当造成的石油污染。长期的过度捕捞导致海洋生物资源数量减少,质量降低,部分物种濒临灭绝,石油污染又加速了这个进程,致使我国渔业资源严重受损,产量大幅度锐减。20 世纪 80 年代初,国家海洋局正式启动了立法工作,开始了前期的论证、调研。1982 年 8 月,颁布了第一个综合性保护海洋资源的基本法《海洋环境保护法》。1989 年国家海洋局组织沿海各省、自治区、直辖市开展了全国海洋功能区划工作。这是海洋综合管理的科学基础和依据,也是立法的前期工作之一。1990 年为吸引外商投资,国家海洋局与财政部向国务院联合提交了《关于外商投资企业使用我国海域有关问题的报告》,1992 年 5 月,国务院下达《关于尽快建立海域使用管理制度的批复》,随后于 1993 年 5 月,财政部和国家海洋局联合发布了《国家海域使用管理暂行规定》,从此,我国对海洋资源的开发利用有了较为系统的使用规定,该暂行规定的实施对我国海洋资源的开发和海洋环境保护有着深远的意义。1996 年 6 月 7 日我国向联合国递交加入《联合国海洋法公约》的文件,同年 7 月 7 日该公约对我国生效,我国遂成为该公约的缔约国,该公约成为我国制定相关海洋政策和海洋法律、规章等必须遵循的国际大法,也为我国海洋管理和安全发挥了重要作用。

在此公约基础上,为了更好地应对国际形势的变化,适应不断扩展的海洋新产业的发展需要,在 2001 年 10 月 27 日中华人民共和国第九届全国人民代表大会第二十四次会议上常务委员会一致通过《中华人民共和国海域使用管理法》,自2002 年 1 月 1 日起施行。至此,我国已初步形成了海洋大法律体系。一部海域使用管理法把我国的海洋管理推向了法制化轨道,从根本上调整了开发利用和保护海洋及其资源之间的关系,有效地解决了以往综合管理中的难题,必将对中国21 世纪海洋资源开发管理产生深远影响。

但是,从另一方面来讲,虽然从《国家海域使用管理暂行规定》到海域使用管理法,海域使用制度的法律地位得到了提高,其影响力和实施力度也均得到了加强,但有关海域的法律大都是单行法规,法律的效力层次较低,缺少综合性的法律。各单行法只规范海域使用中的某一方面的行为,由于部门行业利益不同,难以实现海域使用中的有序状态。在物权法已成当前学界研讨的热点领域之时,我国对海域使用权的研究却几乎是空白。虽然海域使用管理法基本上确认了海域使用权的物权属性,但还远没有达到完善的程度,如对海域使用权人享有哪些物权性权利规定不足;对海域使用权人的转让权、处分权设有较多限制,而对基于海域使用权的物权请求权则根本未予规定;还有一些与其物权属性不合的规定,如"海域使用申请人自领取海域使用权证书之日起,取得海域使用权""颁发海域使用权证书,应当向社会公告"的规定等。海域使用管理法规定了海域使用权的申请取得和招标、拍卖取得两种方式;同时规定了为了国防、公用和公益目的使用海域可以免缴海域使用金,免缴海域使用金取得海域使用权实际上是海域使用权的划拨取得,但是海域使用管理法对划拨和出让取得海域使用权没有做出明确的有区别的规定,这样就容易对海域使用权转让、租赁和抵押带来不利影响。因此,对海洋资源进行管理时,不仅要重视立法的作用,还要以国家的海洋整体利益为目标,通过发展战略、政策、规划、区划、立法、执法,以及行政监督等行为,对国家管辖海域的空间、资源、环境和权益,在统一管理与分部门管理的体制下,实施统筹协调管理。显然,要达到如此高水准的管理水平,我们国家还有很长的路要走。

二、我国海洋资源管理中存在的问题

我国有辽阔的海域,丰富的海洋资源不仅品种多、储量大,而且具有利用上的诸多优势,具备建设强大海洋经济、发展海洋事业的物质资源基础。中国的海洋资源管理工作从无到有,逐步发展,已经取得了很大的成就,到目前为止已基本形成了围绕资源开发与保护为核心的海洋资源管理体制。我国的海洋资源管理主要是根据有关政策、法律法规以行业和部门为主进行。海洋资源的管理现状如表5-1 所示。

表 5-1 我国海洋资源管理现状

海洋资源类别	管理现状
海洋生物资源	我国海域分布着许多渔获量很高的渔场,据估算,我国海域目前最佳渔业捕获量为 280 万~330 万 t。但从 20 世纪 70 年代以来,由于我国海洋渔业捕捞强度越来越大,有时甚至酷渔滥捕,加上海洋污染日趋严重,我国沿岸近海渔业资源不同程度地受到损害或破坏而呈技术衰退趋势
海底矿产资源	我国海域海底有着储量丰富、种类繁多的矿产资源,如石油和天然气、海滨矿砂,铜、金、煤以及沉积于海底的其他多种金属矿产资源,其中石油是我国海底矿产中最重要的资源。目前对海洋矿产资源的主导思想是对开发活动进行合理、科学的控制,提高资源使用效益水平,达到综合开采、综合利用、开源节流的目的
海洋空间资源	我国港口资源比较丰富,其中可供建设中级泊位的港址有 160 多处,沿海已经开发建设的港口有 135 个,属大中型的有 30 多个,能接纳万吨级以上船舶的有 21 个。海上交通运输业也很发达。目前海洋空间资源平面化的管理制度导致许多交叉用海和重叠用海的冲突,新式的海洋资源定价方式和管理制度以及完善的海洋空间资源确权制度是保证海洋空间资源充分利用的必要条件,唯有立体化的海洋资源定价方式,才能最大程度的降低海洋产权的流失,提高海洋资源利用率
海水资源	我国海水资源利用经过 50 多年发展,取得了显著的成绩。人们对海水利用的认识逐步提高。在国家政策鼓励下,行业企业积极开展海水淡化和综合利用,使海水利用的规模不断扩大,应用水平稳步提升,积累了管理经验。但由于我国海水资源利用起步较晚,虽已具备一定的基础,但仍处于发展的初期阶段,目前尚存在诸多问题和制约因素:一是海水资源利用工程的扶持政策明显不足,工程建设进度滞后;二是海水资源利用尚未真正纳入水资源统一配置;三是我国海水淡化关键技术和设备与国际先进水平相比,仍有较大差距

续表 5－1

海洋资源类别	管理现状
海洋新能源	我国海洋新能源开发制度尚未建立健全。关于海洋新能源的法规、政策、规划，零星散见于"新能源"这个大盘子中，没有形成体系，现行相关政策不能适应和指导我国海洋新能源的综合性快速发展需要。此外，海洋新能源发展处于多头管理状态。中国海洋新能源的开发涉及部门多，包括能源主管部门（国家能源局）、电网企业、电力企业、技术管理部门、海域使用主管部门和海洋环境保护主管部门（国家海洋局）、海事主管部门（交通部）等。海洋新能源一站式统筹管理体系尚未建立，电力企业面临多头管理状态，开发审批程序烦琐不明确等问题，阻碍了海洋新能源产业的快速健康发展。另外，海洋能资源评估工作缺失。海洋新能源开发前期论证工作，特别是对海洋能资源的评估工作，应由政府有关部门组织承担，然而目前数据资料匮乏，不能满足实际开发的需要，开发企业各自为战，重复投入，资料不共享问题突出
海洋旅游资源	我国有着良好的海洋旅游资源开发基础。目前，海洋旅游资源的管理工作集中在以下几个方面：（1）开展海洋旅游资源分布、类型、数量的普查和价值登记评定，以全面掌握旅游资源的基本情况。（2）进一步研究并建立适应社会主义市场经济条件的合理的海洋旅游资源管理体制，提高管理效率。（3）对我国海洋旅游资源进行统一规划并进行开发秩序的管理

中华人民共和国成立后，我国的海洋资源开发产业得到迅速发展，特别是 20 世纪 80 年代后，在新建的海洋资源管理体制下，海洋产业布局和产品结构逐渐趋于合理，新兴产业逐步发展起来，如海洋化学工业、海洋油气业、海洋空间利用、海洋能开发等高技术产业都有了新的进展。同时，我国海洋资源管理方面还面临着一些必须加以妥善解决的问题和挑战。

（一）海洋资源资产观念不强，没有形成有效的资源管理机制

长期以来，人们习惯于海洋资源是自然力量形成的，其自身没有经济学意义的价值观念，因而在海洋资源的开发和管理中，实际上执行的是资源无价和无偿或低价使用的政策。近年来，我国虽然通过改革加强了海洋资源的所有权管理，海洋资源资产观念得到了强化，但适应现代海洋开发趋势和发展社会主义市场经济需要的海洋资源管理机制仍未完全建立，致使海洋资源开发利用中资源遭受破坏、浪费及效益不高等问题依然比较严重。

（二）管理体制不完善，没有形成科学合理的管理体系

多年来，我国海洋资源管理政策的制定都是在传统体制下从中央到地方，基本上是分散在行业部门的计划管理，实行资源开发与管理一体化，实际上是传统陆地管理方式的延伸。这种管理模式在初始阶段曾发挥过积极作用，但是随着国家海洋事业的发展，新增产业部门的设置，管理部门分散，相互联系不够，一方面使得各行业、各地区自成体系、各自为政、各兴其业，形成了政出多门、多头管理、互不协调的复杂局面；另一方面，由于缺乏强有力的统一综合管理部门，使得实践中对海洋资源的管理综合协调难度也很大。在实践中，各管理部门仅仅从本行业、本地区、本部门的局部利益出发，当生产开发与管理发生矛盾时往往以牺牲资源管理来服从生产开发，不能充分发挥好管理部门的职能，严重影响资源管理工作正常有效地开展，从而进一步引发资源管理中更加复杂、突出的矛盾，甚至出现海洋资源管理整体上的宏观失控的局面。

（三）管理缺乏必要而系统的法律、法规支撑

海洋资源的法制建设在海洋资源开发与管理工作中是必不可少的一环，甚至是进行海洋资源管理的首要条件，各国对于海洋资源的管理都是靠系统的法制加以约束。无疑，它是保证海洋资源开发管理体系形成、巩固、完善的重要条件，也是保证海洋资源有序开发、合理利用，维持海洋生态平衡，提高综合效益的基本保障。为了保护和有效开发海洋资源，国家先后颁布海洋法规二十几部，如《中华人民共和国海洋环境保护法》《中华人民共和国海洋石油开发环境保护管理条例实施办法》《中华人民共和国渔业法》《中华人民共和国海域使用管理法》等，这一系列的法规将中国的海洋资源管理带入了法制化的轨道，尤其是海域使用法的实施效果良好，对中国的涉海管理产生了深远的影响。但这些法律、法规并没有形成完整而系统的海洋资源开发与管理的法律体系。其中绝大多数是单项法规，且基本上是陆上法规向海上的延伸，在治海方面法规没有具体的针对性，进而没有真正起到依法治海的作用。近年来，随着海洋经济的快速发展，海洋资源多元化开发、综合利用、多种经营已成为必然的趋势。原有的条块分割、各自为战的海上执法管理体制不仅造成海上执法单方面的执法力量严重不足，还直接导致队伍的重复建设，又加大了管理成本，造成了人力物力的极大浪费。显然，管理上交叉和空白，已不能适应海洋经济发展的要求[①]。

---

① 方平，王玉梅，孙昭宁，等.我国海洋资源现状与管理对策[J].海洋开发与管理，2010(3)：32-34.

（四）缺乏海洋资源开发管理的总体规划和总体方针政策

我国海洋资源的开发管理长期缺乏统一规划、统一政策，往往是开发在前，管理滞后。虽然我国先后颁布实施了《全国海洋经济发展规划纲要》等具有海洋战略性质的文件，但从整体上看，已经制定和实施的某些规划或战略仅是部门性的、区域性的或事务性的，有些只能称为战略框架。但是，由于海洋资源环境复杂多样，各种资源相互关联，各个海洋产业的发展相互影响、相互依存，单一部门、区域性的海洋发展规划不能协调各海洋产业之间的关系，难以促进海洋开发的整体效益。同时，各部门不同的海洋发展规划还容易导致在纵向上政策相互脱节，横向上各政策又在目标、内容和效应上相互冲突，缺乏统一、完整、清晰的可指导海洋事业各方面协调发展的国家海洋总体政策，影响我国海洋工作进行统筹规划的能力，形不成整体力量。

三、我国海洋资源管理未来发展路径选择

党的十六大报告明确指出，"我们要在本世纪头二十年，集中力量，全面建设惠及十几亿人口的更高水平的小康社会"。为保障全面建设小康社会的奋斗目标的实现，报告在总体战略部署中专门提出了一项具有深远历史意义的"实施海洋开发"的具体要求。党的十八大报告又提出"提高海洋资源开发能力，发展海洋经济，保护海洋生态环境，坚决维护国家海洋权益，建设海洋强国"，将我国的海洋战略上升至前所未有的高度。报告阐述了海洋强国是未来中国发展的又一个战略主线，是中华民族永续发展、走向世界强国的必由之路。这是海洋事业大发展的历史性机遇，是启动建设海洋强国战略的最好时机。为使我国最终成为世界海洋强国、跻身于发达国家之列，必须有一个贯彻始终的海洋资源开发保护战略，以资源为主体，以资源与经济的关系为中心，对与海洋资源开发保护相关的人口、环境、科技、管理问题，进行整体思考，做出准确的发展定位和战略选择，使海洋成为战略性食物资源、矿产资源、水资源和金属资源基地，成为我国融入全球经济体系的物流通道和生存发展空间。

（一）强化海洋意识，增强海洋国土观念

长久以来，在观念上国人一直存在"地大物博"的片面认识。在这种意识的引导下，出现了很多我们不愿意看到的海洋资源浪费、资源流失、海洋环境人为性破坏等现象。海洋观念、海洋意识是国家海洋事业发展和海洋权益维护的推动力量。转变观念、增强海洋意识是国家海洋资源政策之关键。这就需要我们从战略高度认识海洋国土资源的重要性和必要性，加强对公众的海洋国土观教育，强化

海洋国土意识,树立正确的海洋国土观、海洋经济观、海洋政治观和海洋防卫观,以增强公众对"海洋国土"的忧患意识,懂得保护海洋资源和海洋环境的重要意义,合理开发利用海洋国土资源,把海洋资源与陆地资源、海洋产业与其他产业相互联系起来,促进海洋资源的合理利用与科学管理。

(二) 健全和完善海洋管理法规体系

海洋资源法律、法规是海洋资源管理中最具权威的手段。要加强海洋资源开发的协调与管理,首先要加强海洋资源管理的立法工作,逐步建立国家海洋资源的法律体系。要在现有单项涉海法规的基础上,不断完善和充实这一法规系统,制定一部海洋管理根本法,理顺海洋各行业主管部门与国家海洋管理部门之间的关系,协调各部门的管理工作。另外,还要注重加强地方相关法律的修订,不少新立法是需要地方立法相配套的,如落实实施法律所需要的经费来源,相应的机构、人员的配置和提供其他支持等。近年来国家新颁布和修改了许多相关的法律、法规,如《中华人民共和国海域使用管理法》《中华人民共和国渔业法》等,但是由于地方立法严重滞后,使得国家立法由于缺乏具体实施办法和配套措施而无法推行;有的地方立法已经非常陈旧,却仍在使用,造成法律适用上的很多问题。因此需要根据当地的实际情况,加强单项海洋资源的立法。

(三) 建立海洋资源开发的协调机构

由于管理海洋资源的单位分属不同的主管部门和不同的地方政府,各方的出发点不同,利益相互交叉造成很多矛盾。因此,各类资源和各地区资源的开发能协调一致,是当前海洋资源开发中的一个需要解决的突出课题。如不及时有计划地进行综合开发,势必引起用海秩序混乱,甚至引发社会不稳定因素。为此,建议在沿海各地省政府下设立一个有权威的省级统筹协调机构,这种机构应是非常设的、由有关政府部门甚至沿海地方领导所组成,工作方式可以灵活,主要用以协调全省的海洋资源开发活动,保证海洋资源开发得以有序地进行,并使各方利益均衡,使海域使用者的合法权益得到有效保护。此外,还可在其下设立一个专项基金,立项进行一些为海洋经济发展提供基础资料的前期工作。

(四) 制定综合性海洋政策

海洋综合管理日益成为各国海洋开发管理的发展趋势。实施海洋资源管理,必须制定综合性的海洋政策,这既是海洋综合管理的主要内容之一,也是海洋综合管理实施的前提和基础。综合性国家海洋政策应该是指导海洋事业综合协调发展的国家政策,是综合考虑各种海洋资源利用活动的政策,是平衡各种涉海法律的政策,是协调各资源部门行动的政策,是区别于涉海行业政策的海洋政策。只有实施综合性海洋政策,才能打破我国现存的各自为政的行政体系,站在统筹的管理角度上,国家的海洋事业才可以全面健康发展。因此,从综合、协调的和谐社会发展的理念出发,制定综合性的海洋政策,才能更好地提升其效力层次,保障我国海洋资源管理的顺利开展[1]。

(五)明晰海洋资源产权归属

将海洋资源资产纳入国民经济核算体系。根据我国《中华人民共和国宪法》《中华人民共和国土地管理法》以及《海洋环境保护法》,国家海域与土地一样均属国家所有。我国市场经济体制的确立和不断完善,为海洋资源实行资产化管理提供了基础条件。海洋资源管理依据市场规律运作是资源得以合理利用和保护,实现资源的可持续发展的最好途径。对海洋资源行使职能的每个部门必须转变观念,切实提高对海洋资源资产化管理的认识,真正做到从资产角度审视海洋资源,以资产化管理为纲,贯穿海洋资源管理的全过程。国家海洋资源专管部门对海洋资源的状况要依法定期开展调查工作,对海洋资源的变化状况应进行界定和登记,将海洋资源资产纳入国民核算体系,其价值量、实物量、对国家经济的保障程度、对环境的影响等都应在国民经济核算表中得到反映,为国家经营海洋资源、开发海洋资源提供事实依据,保证海洋资源的有序开发和合理利用。

第五节 世界主要海洋国家海洋资源管理及对我国的借鉴

一、主要海洋国家海洋资源管理情况分析

(一)美国

美国是世界上海岸线漫长、海洋资源丰富的海洋强国[2],政府把海洋和海岸认定为国家最重要的经济资产,历来重视海洋资源的管理,已经形成了较为完善的海洋资源管理体系。20世纪60年代以后,美国建立了隶属于海洋大气局的国家海洋渔业局、海洋矿产与能源局等开发管理机构,并在沿海39个州建立了州级别和地方级别的海洋管理机构,从而形成了美国海洋管理机构从上至下(联邦政府、州政府和地方政府)的三级机构,与行业机构相结合、以政府机构为主导的海洋行政管理体系。美国中央政府与州政府海洋主管部门在海洋工作中实行分权

---

① 郑鹏.中国海洋资源开发与管理态势分析[J].农业经济与管理,2012(5):81-86.
② 周秋麟,牛文生,译.规划美国海洋事业的航程[M].北京:海洋出版社,2005.

管理,州政府对 3 n mile 的海洋生物资源和海洋非生物资源拥有管辖权和开发权。同时,美国拥有一支高度统一的海上执法队伍——海岸警备队,具有全天候海上执法权,维持海洋资源使用秩序,制止不正当海洋资源使用活动等。

20 世纪 90 年代以来,美国实施了海洋资源开发战略和海外资源发展战略。美国海洋政策报告《21 世纪海洋蓝图》首次明确提出"海洋资产"概念,多领域地评估海洋和海岸带价值,确定海洋在国家经济社会中的重要地位。2009 年美国海洋委员会向国会提交了"改变海洋,改变世界"的报告,针对美国海洋资源开发与保护提出了建设性意见。

美国的海洋资源法规体系较为健全,制定出台了以下法律法规。《海洋法》为美国在 21 世纪出台的新海洋政策奠定了法律基础。《水下土地法》确立沿海各州对 3 n mile 领海范围内资源的管理权,并建立水下资源的使用原则和控制原则。《外大陆架土地法》规定联邦政府管理 3 n mile 范围外的大陆架油气资源,并授权内务部长将含油、气、硫的区块出让给出价最高的投标人。《海岸带管理法》规定海岸带管理的政策和目的,建立联邦政府对州政府管辖沿岸和海域的决策进行干预的体制。《渔业养护和管理法》规定联邦政府管理和控制 200 n mile 专属经济区内大陆架上的生物资源。《海洋保护、研究和自然保护区法》规定保护和恢复具有生态和娱乐价值海域的目的和做法。同时,美国还实施了海洋资源开发与管理的许可证和有偿使用制度。

为有效管理海洋资源,美国制定出台了一系列规划和计划,20 世纪 90 年代后期,出台了《海洋地质规划(1997—2002 年)》《沿岸海洋监测规划(1998—2007年)》《制定扩大海洋勘探的国家战略》等。2009 年美国总统签署了《关于制定美国海洋政策及其实施战略的备忘录》,并要求着手编制海洋空间规划,空间规划中要充分考虑到海洋、海岸与大湖区资源的保护及海洋资源的可持续利用问题。此外,还制定实施了以区域为基础的海洋规划,如《海岸带管理计划》《国家海洋保护区计划》《美国加利福尼亚州海洋资源管理规划》等。

(二)日本

日本是典型的海洋国家,四面环海,本土自然资源极为贫乏,尤其是金属矿藏基本枯竭,越发依赖海洋作为其重要资源来源地[①]。因此,日本非常重视海洋资源的开发与管理。日本中央政府级别的海洋管理机构主要有以下 8 个:总务省、农林水产省、国土交通省、环境省、外务省、经济产业省、文部科技省和海上保安

---

① 海洋发展战略研究所课题组.中国海洋发展报告[M].北京:海洋出版社,2011.

厅。其中,国土交通省主要负责沿岸海域的开发利用、空间利用和全国海洋国土的开发,制定有关规划和法规。海洋科技开发推进联络会议、海洋开发审议会、海洋开发有关省厅联席会、海洋开发产业协会和资源调查协会负责领导与协调海洋管理工作。同时,日本建有海上保安厅,负责国家海洋法律法规的执行。海上保安厅下设 11 个海上保安本部,对应负责全国管辖海域的 11 个海上保安区。

随着全球范围内对海洋资源的广泛关注,日本开始加紧制定国家海洋资源的相关政策。2007 年日本提出实施"渔政、渔港、渔场、渔村、渔民"五位一体化"大渔业"建设蓝图,旨在恢复和管理公海在内的渔业资源,创建具有国际竞争力的渔业经营实体,促进渔村生态环境建设,完善渔港、海藻场、滩涂和沿岸渔场的配套设施等。2009 年日本又出台了《海洋能源矿物资源开发计划》,部署开发石油天然气、海底热液矿藏和国际海底矿藏等海洋能源矿物资源。

日本不断完善海洋资源的法规体系,制定和修订有关大陆架开发和海洋渔业开发等海洋资源管理的法律法规,主要有:《关于防止海洋污染和海洋灾害的法律》(1976 年),控制船舶向海洋排放石油、有害液体物质和垃圾等危害海洋生态环境的物品;《养护和管理海洋资源法》(1996 年),贯彻海洋法公约有关渔业保护的条款,规定有关养护和管理国家权力范围内,尤其是专属经济区的海洋生物资源;《石油和天然气资源开发法》,规定石油、天然气的开采和开采方法的相关管理事项;《海洋建筑物安全水域法案》(2005 年),旨在为该国在其专属经济区内开发海洋资源提供财政支持和安全保障,牵制中国在东海海域的油气田开发活动。另外,还有《渔业法》《专属经济区渔业管辖权法》《海洋水产资源开发促进法》《规制外国人渔业法》《海洋生物资源保存和管理法》《海上保安厅法》,同时又修改和完善了《水产资源保护法》《海岸带管理暂行规定》以及《无人海岛的利用与保护管理规定》等法律法规。

日本自 20 世纪 60 年代以来,出台了一系列有关海洋资源管理的规划,主要有:《深海钻探计划(1968—1983 年)》(1968 年);《日本海洋开发远景规划的基本设想及推进措施》(1979 年);《大洋钻探计划(1985—1994 年)》(1985 年)[①];《日本海洋开发基本构想及推进海洋开发方针政策的长期展望》(1990 年),并据此制定了《日本海洋开发计划》;《天然气水合物研究计划》(1994 年);《海洋研究开发长期规划(1998—2007 年)》(1998 年);《综合大洋钻探计划》(2000 年),该计划已有美国在内的 12 个国家参与;进入 21 世纪,日本先后制定了《21 世纪开发海洋空

---

① 李双建,徐丛春.日本海洋规划的发展及我国借鉴[J].海洋开发与管理,2006,23(1):25 - 28.

间计划》《产业集群计划》①和《海洋基本计划》(2008 年),将推进海洋资源的勘探开发,包括专属经济区内的天然气水合物及含稀有金属的海底矿床等;《海洋能源矿物资源开发计划》(2009 年),筹划部署了石油天然气、天然气水合物、海底热液矿藏和国际海底矿藏等海洋资源的开发。

(三) 加拿大

加拿大是一个三面环海的国家,海洋对其生存和发展至关重要。加拿大建立了渔业与海洋部,负责制定国家海洋管理战略并管理海洋资源。同时,由其统一领导的海岸警备队负责海上统一执法。2009 年,加拿大通过《经济行动计划》,升级海岸警备队平台,计划新增 5 艘机动救生艇和 9 艘中型海岸巡逻舰。加拿大海洋资源管理的相关法规较为完善,主要有:《海洋法》(1997 年),规定国家海洋管理战略的制定与实施,明确联邦政府管理海洋的职责,该法使加拿大成为世界上第一个具有综合性海洋管理立法的国家②;《沿岸渔业保护法》,规定渔业资源的监测、控制及监视活动的相关事项;《渔业法》,规定渔业和生境的保护与管理、发照、执法、国际渔业协定等相关事项;《渔业发展法》,规定渔业增殖与开发、水产养殖及资源开发研究等相关事项。

为加强海洋资源的管理,加拿大出台了一系列相关规划,主要有:20 世纪 90 年代联邦政府制定了《绿色规划》,目的是促进保护沿海和海洋水域行动的进程。根据《绿色规划》,又相继启动了《弗雷泽河口行动计划》《圣·劳伦斯行动计划》《大西洋海岸行动计划》《五大湖行动计划》和《生境行动计划》。其中《五大湖行动计划》是由加拿大和美国共同负责,旨在恢复和保持五大湖流域生态系的化学、物理及生物完整性;《生境行动计划》主要是调查海岸和海洋资源。

(四) 澳大利亚

澳大利亚是南半球最发达的海洋国家,历来非常重视海洋资源的开发与管理。澳大利亚建立了专职的海洋管理职能机构和全国海洋工作协调机制,负责全国海洋管理工作,并实行统一海上执法,具体由海岸警备队负责。

澳大利亚是世界上最先几个通过区域性海洋规划实施海洋政策的国家之一。1989 年,启动了《大陆边缘水深制图计划》,编制近海资源图集和大陆边缘的水深地形制图,以加速大陆架资源的勘探和开发需要。1990 年,制定了《海洋工业发展战略(1990—1994)》,该战略主要目标之一是为目前和未来海洋资源管理提供

---

① 杨书臣.日本海洋经济的新发展及其启示[J].港口经济,2006(4):59-60.
② 宋国明.加拿大海洋资源与产业管理[J].国土资源情报,2010(2):2-6.

构架,并维护其领海和管辖区海洋资源的主权。

1997 年和 1998 年分别制定了《海洋产业发展战略》和《海洋科学技术发展规划》,提出了 21 世纪初澳大利亚发展海洋经济的战略和政策措施。《海洋产业发展战略》对推动澳大利亚海洋产业的发展发挥了重要作用,使该国海洋产业的许多方面处于世界领先地位,或是具有世界竞争力[①];《海洋科学技术发展规划》分析了政府、产业部门、资源管理人员等海洋资源用户的科学技术需求,并将其纳入未来海洋科技发展中;2007 年实施了《海洋生物区规划》,进一步摸清了该国海底和水体环境。

(五) 韩国

韩国是一个三面环海的半岛国家,发展离不开海洋。1996 年,韩国组建了海洋事务与渔业部,综合协调管理渔业、海上交通运输、船舶安全、海湾和渔港建设等领域,制定宏观的海洋政策,并领导海洋警察厅实施统一海上执法。

韩国高度重视海洋资源管理,制定出台了相关法律法规,如 20 世纪 80 年代颁布的《海洋开发基本法》;《海洋开发框架法》明确了全国海洋资源开发和保护的方向;《渔业法》确立了渔业的基本体制,旨在保护渔业资源;《关于外国渔船捕捞主权实施条例》规定了海洋生物资源保护、管理和利用的相关事项;《防止海洋污染条例》旨在消除海洋污染,保护海洋环境。

1998 年,韩国海洋管理体制实施了重大改革,组建了“海洋与水产部”,同时,制定了《海洋开发计划(1996—2005)》和《海洋开发技术计划(1996—2005)》;为确保《海洋开发计划》的顺利实施,1999 年,制定了《海洋开发战略》。2004 年,出台了海洋政策文件《海洋与水产发展基本计划》,提出依靠振兴和发展海洋产业,使韩国从陆地型国家发展为海洋型国家,确立了将韩国建设成为世界第五大海洋强国的目标。

(六) 越南

越南地处中南半岛东部,东部和南部濒临南海,对海洋资源的开发与管理高度重视。越南海洋管理实行行业管理,由不同的部门、机构和地方权力机关按行业分工负责管理。交通部负责港口和航运管理,渔业部负责渔业捕捞和生物资源管理,能源部负责海上油气资源开发管理,科技和环境部负责海洋环境管理。

1999 年,越南成立海岸警备队,负责海上的统一执法。越南建立了以《关于

---

① 文艳,倪国江.澳大利亚海洋产业发展战略及对中国的启示[J].中国渔业经济,2008,26(1):79-82.

领海、毗连区、专属经济区及大陆架声明》(1997 年)和《关于确定领海宽度基线的声明》(1982 年)为基础的海洋法规体系,确立了基本的海洋管辖法律制度。其中包括《石油法》(1970 年)、《水产资源保护规定》(1987 年)和《渔业法》等。越南重视在政策方面加强海洋资源的管理。编制了《远洋海产捕捞计划》,并颁布优惠税则,支持远洋渔业的发展。1998 年制定油气投资活动优惠条件,以促进石油和天然气的勘探开发。1999 年通过《水产养殖计划(1999—2010 年)》,推动了海水养殖业的发展。2003 年制定了《水产设施计划(2003—2010 年)》,投资 1.3 亿美元在南部地区建造海洋水产品的核心设施。2000 年,起草了《海洋保护区的国家计划》,保护以珊瑚礁和海草地为主的海洋资源。2007 年公布了《至 2020 年越南海洋战略决议》,综合部署了海洋管理、海洋经济、海洋防卫和海洋政治等方面的工作。

二、主要海洋国家海洋资源管理对我国的启示

(一)加强海洋管理的政策保障

美国、日本等世界海洋强国都建立了较为完善的海洋资源管理的政策支撑体系。相比之下,我国目前还缺乏统一、完整、清晰的可指导海洋事业各方面协调发展的国家海洋总体政策,缺乏从整体上对我国海洋工作进行统筹规划的能力[①]。因此,应树立全局观念,考虑长远利益和整体综合利益,协调各利益者之间的关系,提出完整的海洋资源管理的政策方针,促进我国海洋资源科学、合理地使用。

(二)完善海洋资源管理的法律法规体系

海洋立法是世界海洋国家促进海洋资源可持续开发利用、保护海洋生态环境的基本保障[②],也是海洋资源管理体系形成、巩固和完善的条件。目前,美国、日本、加拿大海洋资源管理的法律法规较为完善,韩国、越南、英国也十分重视利用法律法规手段加强对海洋资源的管理。我国已先后制定了一批关于海洋资源保护的专项法律法规,取得了可喜成就[③]。建议我国在现有专项法律法规的基础上,不断完善、充实该法规体系;积极参与国际海洋事务活动,建立与国际公约对接的法律;制定《海洋环境保护法》《海域使用管理法》《海岛保护法》等法律法规的配套制度;出台与国家法律法规相配套的地方管理的法律法规,并不断修订已经公布、执行的相关法规。

---

① 方平,王玉梅,孙昭宁,等.我国海洋资源现状与管理对策[J].海洋开发与管理,2010,27(3):32-34.
② 于保华,胥宁.我国海洋资源开发利用可持续发展分析[J].海洋信息,2003(3):12-15.
③ 陈国生,叶向东.海洋资源可持续发展与对策[J].海洋开发与管理,2009,26(9):104-110.

（三）构建完备的海洋资源管理规划体系

海洋规划是海洋资源管理的重要手段，对于保障海洋资源开发活动有序有度进行、促进海洋经济又好又快发展至关重要。美国、日本、加拿大、韩国、越南等世界主要海洋国家在不同时期制定相应的海洋资源开发规划。在我国有关海洋资源的规划中，中长期规划和短期规划结构性问题突出，且相互间存在着不匹配的矛盾。因此，我国各级海洋政府应在制定相关海洋资源规划时，尽早解决该问题，构建完备的海洋资源管理规划体系，以更好地服务于我国海洋经济的发展。

（四）提高海洋资源管理的执法能力

美国、日本、加拿大、韩国、越南都建立了高度统一、训练有素的海上执法队伍。我国应参照世界主要海洋国家的做法，建立一支适合中国国情的、统一的海上维权执法队伍；统一部署海上执法活动；出台海上联合执法机制，加强海上执法力度；加强专业执法装备建设，提高海洋资源管理的执法能力。

第六节　海洋人力资源管理

上面我们讲到的海洋资源，主要是指海洋自然资源。和海洋自然资源相比，还有一种资源在研究海洋问题时不能不提及，那就是人力资源。人是资源领域最活跃、最具潜力的资源，只有有效地开发人力资源，合理科学地管理和利用人力资源，海洋事业才能在激烈的市场竞争中占有一席之地，只有凝聚着人才的海洋资源开发与利用才有发展后劲，凝聚着人才的海洋组织才会在发展中充满活力。

随着"知识经济"时代的到来，人力资源管理因其与人的因素内在的密切联系，重要性日显突出。然而面对高科技的快速发展，如何使人才与海洋事业两者达到双赢或多赢？如何有效地发掘、科学地管理、合理地使用海洋事业的人力资源？如何使人才结构始终处于优化状态？这是目前海洋事业发展过程中值得关注的问题，也是摆在我们面前亟待解决的重要课题。

一、海洋人力资源的基本内涵

海洋竞争，根本是科技，关键在人才，人才资源是最重要的资本和第一资源。只有形成一支数量充足、素质精良、结构合理、能参与国内外竞争的人才队伍，并创造良好的环境使他们发挥专长，人尽其用，我国的海洋事业才不会是一纸空谈。

"人力资源"是把"人"看作一种"资源"，"海洋人力资源"可定义为：在一定时空范围内，具备一定的海洋知识，并能在海洋事业发展中运用自身的知识和能力为海洋事业带来效益的劳动力的总和。

在海洋资源开发与利用中,有多种资源可以利用,如人力资源、物力资源、财力资源、信息资源、文化资源等,其中人力资源是最重要的资源,是第一资源,也是最关键的要素。海洋人力资源是一种活的资源,它能在海洋事业中的各个行业(尤其是高新技术等行业)创造利润,任何组织离开了这种战略性资源均难以在某个行业中占据制高点。由于人的创造力无可限量,所以海洋人力资源是一种可以无限开发的资源,通过有效的管理和开发可以极大地提高组织的工作效率,从而达成组织的目标。海洋事业发展的每一步,海洋资源开发和利用的质量,都影响着海洋资源开发的效益。它是海洋事业的"灵魂"。

海洋产品的开发及相关服务,海洋经济组织的目标和经营策略等,均须通过海洋人力资源直接或间接地参与才能实现。在海洋资源的开发与利用中,海洋人力资源中的科技人才具有特别重要的意义。海洋科技人才是知识的载体,是开发与利用海洋资源信息库的建设者和维护者,是信息资源与海洋资源开发与利用之间的桥梁和纽带,是海洋事业发展的内在动力。因此,海洋事业要持久、高效、可持续地发展,就必须实施人力资源优先战略,把海洋人力资源开发,尤其是科技人才的开发作为海洋事业发展的动力,通过对海洋人力资源开发和利用的重要性的重新认识,加大海洋事业发展中用人管理的改革力度。

二、海洋人力资源的分类

海洋人力资源开发的主要内容就是针对海洋人才的开发。海洋人才是指具备一定的海洋知识,并能在海洋事业发展中运用自身的知识和能力为海洋事业带来效益的劳动力。合理地划分海洋人才,将有利于我国海洋事业更快地向前发展。加强海洋人才管理,需要对人才进行相应的分类。

(一)海洋管理人才

随着我国海洋事业的快速发展,海洋管理工作的重要性日益突出,对海洋管理人才的需求也日益明显。海洋管理人才是指受到一定专业训练,具备一定的知识、技能或特长,具有合作能力、实践能力与敬业精神,能够圆满完成海洋管理岗位工作而为组织所推崇的人。包括海洋行政单位管理人才、海洋事业单位管理人才、海洋企业管理人才等,其中,公务员队伍是海洋管理人才的重要组成部分。

在海洋管理人才中,不得不提到的是海洋维权执法人才。海洋维权执法人才是海上维权执法实践的行为主体,其人才培养质量直接关系到我国海上维权执法能力和应对水平。我国是海陆复合型濒海国家,海洋有着富饶的资源、便利的通道,是国防的前沿,是 21 世纪中华民族生存和发展的重要战略支点。基于历史原因,在我国主张管辖的海域中,岛屿被非法侵占、海域被肆意瓜分、资源被鲸吞掠夺,我国海洋权益受到严重侵犯,海上维权斗争日益严峻并将长期存在。建设一支与我国国际地位相称、与国家战略利益相适应的中国海洋维权执法人才队伍,是实现建设海洋强国战略目标的重要保证,也是履行大国责任的基本要求。

(二) 海洋研究人才

从广义上来说,"研究人才"包括与科学研究活动有关的一切人员,包括不直接从事科学研究活动但对科学研究提供支持和保障作用的相关人员等。而狭义上的"研究人才"指在科学研究活动中起着核心作用,具有相对较高知识水平和研究经验的科技专门人才。海洋研究人才是指在海洋相关领域从事科学研究活动的所有人员,包括主要研究人员和辅助研究人员。海洋研究人才由两部分组成,一是海洋学术研究人才,二是海洋工程研究人才。从研究方向来说,海洋学术研究人才从事的是海洋相关领域基本理论研究,即从事、发现、研究客观规律的人才。随着海洋科技发展和生产的需要,理论研究向实践领域趋近,于是产生了海洋应用科学,它介于社会实践和基础科学之间,但仍以客观规律为研究对象,向实践提出新的设计原理和框图,而不以为社会谋取直接利益为目的,这一类人才就是海洋工程研究人才,即工作和生产活动之前进行预先考虑并做出全面安排(设计、规划、决策等工作)的一类人才。

(三) 海洋技术人才

海洋技术人才是指工作于生产第一线,使学术型人才的研究成果和工程型人才的设计、规划、决策变成物质形态或对社会产生具体作用的一类人才,也被称为"中间型人才"。广义的"海洋技术人才"主要是按受教育的程度和是否参与科技活动分类,不仅包括具有高等教育文化程度或职称的专业技术人员,也包括具有高等教育文化程度的政府官员和工作人员、企业家、工人、退休人员及失业人员等;而狭义的"海洋技术人才"是按国际职业标准分类的,具有大专文化程度以上在岗就业的专业技术劳动者,不包括工人、高级技工和没有专业技术职称的企业家、政府官员和工作人员。

(四) 海洋技能人才

海洋技能人才,也是在第一线或现场从事工作的一类人才。他们与技术型人才的区别在于主要依靠操作技能进行工作。他们所从事的工作具有工种相对单一的特点,比如船舶驾驶、海洋监测、海洋气象观测等。海洋行业高技能人才是在生产、运输和服务等领域岗位一线的从业者中,具备精湛的专业技能,在关键环节发挥作用,能够解决生产操作难题的人员。主要包括技能劳动者中取得高级技工、技师和高级技师职业资格及相应职级的人员,可分为技术技能型、复合技能型、知识技能型三类人员。主要分布在一、二、三产业中技能含量较高的岗位上。现阶段高技能人才紧缺已从某种程度上制约了我国海洋事业的快速发展。

(五) 海洋教育人才

海洋教育人才是指在海洋相关领域从事教育、培训、人才培养的人员。按培养人才的层次可以分为海洋初等教育人才、海洋中等教育人才、海洋高等教育人才,分别承担着培养技能人才、技术人才、研究人才、管理人才的任务。高等教育是科技人才培养和专业教育最重要的组成,在我国与海洋专业密切相关的大学有近 10 所,还有许多知名高校设有海洋院系,此外为了培养中高级海洋专业人才,中国科学院和国家海洋局还设有专门的海洋研究单位,这些单位一直是我国培养海洋科学技术人才的阵地,对我国海洋事业的发展功不可没。目前,海洋专业教育事业经过数十年的发展,已经形成了一支强大的教育人才队伍。

(六) 海洋体力劳动人才

在我国的海洋事业中,海洋体力劳动者是一个不可忽视的群体,也是数量最大的群体,他们完成了大量的基础性工作,促进了海洋经济的迅速发展。但不能否认的是,这个群体的学历普遍较低,掌握的专业知识很少甚至为零,接受教育培训的机会很少,对他们工作能力尚缺乏一套完善的评价体系。

三、海洋人力资源的现状

改革开放以来,党和国家对人才建设高度重视,海洋人才队伍建设取得了显著成绩,海洋人才素质不断提高,海洋人才结构得到改善。但由于各种由来已久的、短时间内不易解决的、深层次的原因,我国海洋人才资源现状不容乐观。20世纪 80 年代以来,海洋界出国留学人员学成归国者寥寥无几,并且还有海洋人力资源向其他行业流失的情况。此外,还有如总量不足、结构欠优、人才流失严重等一系列问题。现有的我国海洋人力资源问题尤为突出。主要表现在:

(一) 海洋人才队伍结构不合理

海洋人才地域结构不合理。北京、青岛、广州、上海、厦门、大连等大中城市是海洋人才资源的主要集中地,其他地域的海洋人力资源相对较少。

海洋人才分布结构不合理。很多海洋人才队伍分布在高校,但是由于科研资金不足及没有人带头组织,造成海洋人力资源的闲置和浪费。

海洋人才年龄结构分布不合理。进入 21 世纪以来,我国海洋科技和教育领域正面临一个高级知识分子退休的高峰期,而新人又没有培养出来,因此将形成人才断层的严峻局面。

部分海洋人才知识结构单一。面对日益复杂的社会环境,部分海洋人才应变能力差,不少人面对社会各阶层、各行业的信息需求显得力不从心,加上长期在计划经济模式下工作,他们缺乏对市场经济运行机制组织的协调能力和应变能力。

(二)海洋人力资源整体素质不高,海洋人才流失严重

在 21 世纪海洋人才大战中,现有的海洋人力资源依然存在着高层次人才太少、复合型人才紧缺的问题海洋科技人员的数量和整体水平还不能适应海洋事业发展的要求,海洋人才流失情况触目惊心。20 世纪 80 年代以来,海洋界出国留学人员学成归国者寥寥无几,此外海洋人力资源还有向其他行业流失的情况。诸多情况表明,我国海洋职工整体素质偏低、海洋人才流失严重的现状,已成为实施 21 世纪中国海洋战略的重大障碍,若不大力加强这方面的投入和采取其他社会改革措施,21 世纪中国海洋产业前景令人担忧。

(三)海洋人才再教育意识淡薄,海洋人力资源培训力度不够

人力资源投资是一项长期投入,而海洋界对于人力资源这种特殊资产保值和增值的意识不够强,教育投入不足,尤其是人力资源投入不足,劳动力平均受教育年限较低,这在一定程度上制约了人力资源的创新和发展。限于经费问题,许多海洋部门对人力资源的投入只是象征性的,开发上偏重于短期技能培训,缺乏长远目光,也不主动去了解发展需求,学习与培训缺乏系统性和连续性。有些虽建立了培训机制,但是仍不够重视,没有固定的培训场所和时间,没有严格的培训制度和目标,使培训仅限于一种短期行为。对人才注重拥有,而不注重开发利用,海洋人力资源多处于"原生状态",其潜能也得不到挖掘和发展。

(四)海洋人力资源激励机制不完善

社会中每一个个体的成长和发展都需要有一定的激励机制,灵活多样的激励机制才能使海洋人力资源内在的潜能最大限度地发挥出来。然而,目前的海洋人力资源管理中,激励机制不完善,在一定程度上阻碍了个体潜能的发挥,主要表现在两个方面:第一,利益分配机制不完善。我国在人力资源激励机制方面存在着一种通病,就是分配上的平均主义仍存在一定市场。现行分配制度无法体现人才价格市场化,按知识要素分配还未能成为按劳分配的重要内容。工资分配仍然采

用与身份挂钩的"论资排辈"法。按生产要素分配原则受到很大阻力,不能真正拉开分配档次。第二,重奖政策难以落实。各地出台了不少对人才实施重奖的办法,但实际工作中,一方面存在重奖资金难以落实的问题,另一方面政策执行缺乏连续性,而政府的重奖行为又局限于极少数人,激励效果不明显。

(五)海洋高等教育体系不健全

我国海洋高等教育发展总体滞后,一定程度上影响了海洋人才的培养。到2009年,我国以海洋命名的高等院校仅5所,分布在山东、广东、浙江、上海和辽宁,大多是在水产院校的基础上合并组建而成。[①] 同时,就全国涉海高校而言,在数量上略显不足,在布局上多位于沿海发达省份;从人才培养质量来看,只有少数高校海洋教育的历史较长、师资较强、水平较高,人才培养的体系比较完善。海洋教育对绝大多数高校而言还是一个新事物,还处于摸索阶段,全国海洋教育总体水平不高,教育体系还不够完善,布局均衡性和整体优化还有待于进一步发展[②]。

作为海洋教育的重点内容,海洋高等教育所属的专业种类相对单一。在国务院学位委员会、教育部1997年颁布的《授予博士硕士学位和培养研究生的学科专业目录》中,海洋科学一级学科下仅设有物理海洋学、海洋化学、海洋生物学和海洋地质学4个二级学科。从2002年开始,海洋科学一级学科博士点可以自主设置学科、专业,博士点和硕士点的学科范围和数量才有了新的增长。在教育部1998年颁布的《普通高等学校本科专业目录和专业介绍》中,共有71个二级类,249种专业,仅在海洋科学类、水利类、交通运输类、海洋工程类、水产类5个二级类下设置了海洋科学、海洋技术、港口航道与海岸工程、航海技术、轮机工程、船舶与海洋工程、水产养殖学和海洋渔业科学与技术等8种专业,占3.21%。在教育部2012年颁布的最新的《普通高等学校本科专业目录》中,共设置了506种专业,其中涉海类专业仅有水利水电工程、水文与水资源工程、港口航道与海岸工程、水产养殖学、海洋渔业科学与技术、救助与打捞工程、船舶电子电气工程、海洋工程与技术、海洋资源开发技术、船舶与海洋工程、航海技术、轮机工程、海关管理、交通管理、海事管理15种,占3%。由此看来,我国海洋专业的种类比较单一,还远没有建立起海洋领域跨学科人才、交叉学科人才和海洋新兴产业领域高端人才培养的有效机制和教学体系,而海洋事业又偏偏具有多学科交叉渗透和集成综合的

---

① 庞立佳,刘超,赵莉.我国海洋人力资源及海洋高等教育现状的分析[J].管理观察,2014(13):147－149.

② 潘爱珍,苗振清.我国海洋教育发展与海洋人才培养研究[J].浙江海洋学院学报(人文科学版),2009(2):101－104,109.

特点,迫切需要一批具备多学科知识和多方面综合素质以及多种类海洋专业知识的海洋从业者。

总的来说,经过几十年的努力,我国的海洋教育和海洋人才培养取得了长足的进步,我国现有涉海高等学校、科研机构 100 多所,主要分布在沿海各省、市、区,拥有海洋科研和教学机构较多的地区是山东省和广东省,其他依次为浙江省、辽宁省、天津市、上海市和福建省,有教学、科研人员数万人,其中拥有高级专业技术职称的占 28.8%,拥有中级和初级专业技术职称的各占 30.6% 和 24.9%,其他人员占 15.7%,获得博士学位的占 9.0%,获得硕士学位的占 20.5%,具有大学本科或大专学历的共占 44.1%,其他学历的占 26.4%,已初步形成了一支集海洋基础科学研究与海洋应用科学研究为一体的海洋专业人才队伍。[1] 但从全国范围来看,我国海洋人才结构存在如下问题:

学历结构上,目前我国高学历海洋人才匮乏,特别是海洋管理和海洋科技队伍中,具有研究生以上学历的管理人员和高科技人才严重不足。更让人担忧的是,我国海洋从业人员中文盲率占 20%,平均文化程度只相当于受过 6 年的小学教育。

年龄结构上,我国海洋人才老化现象严重,中青年人才尤其是中青年高级人才匮乏。同时,一个高级海洋知识分子退休的高峰期也正在来临,这说明如果不加大对中青年海洋人才队伍的培养力度,就会面临人才断层的危险。

职称结构上,除高校和科研院所外,海洋人才中高级职称科技人员稀缺。以国家海洋局为例,专业技术人才中有技术员以上职称的计 4 686 人,占事业单位职工总数的 53.2%。其中,正高级技术职称 178 人,副高级 916 人,中级 1 949 人,初级 1 643 人,高、中、初比例为 1:1.8:1.5。

技术结构上,目前我国海洋专业技术人员约有 3 万人,海洋社会劳动者 400 万余人,海洋产业职工中的专业技术人员比例不足 1%,远远落后于世界海洋中等发达国家的水平。

专业结构上,目前我国海洋类专业结构不尽合理,各海洋院校多开设基础学科专业和传统专业,造成某些专业设置重复,该部分人才过剩,而对于与地方经济、社会、科技密切相关的高新技术类专业和应用型专业以及品牌专业、特色专业则涉及太少,造成某部分海洋人才缺乏。

---

① 李彬,高艳.海洋产业人力资源的现状与开发研究[J].海洋湖沼通报,2011(1):165-172.

四、海洋人力资源培养的战略选择

海洋人才的挑战既要接受来自全球化的普遍压力,更要对海洋这一特殊领域的深刻内涵进行全面的揭示,因为海洋是人类 21 世纪的第二生存空间,从权益、产业、可持续发展视角来研究海洋人力资源的重新配置并发展海洋教育,其意义更大。

经济全球化对人才培养的要求体现在人才竞争的全球化、人才标准的国际化和人才培养文化的多元化三个方面。据此,海洋人力资源培养的战略有以下四种战略。

(一)国际化战略

经济、科技与文化的全球化交流与合作,必然要求高等教育从体制到内容更加开放,更具国际性。从国际化培养目标要求出发,我国高等教育应加强跨国家、跨民族、跨文化的交流、合作和竞争,更多利用国际教育资源,并采取可行的政策和有力措施,推进新世纪高等教育的国际化进程。所以,海洋科学人才的培养质量、学术水平和管理水平要按国际标准来衡量。这就要求海洋高等教育在人才培养过程中充分利用全球教育资源,与国外学校联合培养人才,联合进行科学研究,提高参与国际竞争的能力和水平。同时,要办出我国海洋高等教育的特色,因为特色是我国高校走向国际舞台的必然选择。

(二)现代化战略

只有现代化的教育才能培养出具有现代化品质的人才,进而才能实现社会发展的现代化。首先,要树立现代教育观念,教育观念要更具前瞻性和国际性,增强全球意识。其次,要建立现代大学制度。现代大学制度是大学有效运行并充分发挥大学职能的各种规范,它反映了社会发展需要和大学作为学术组织的本质特征。再次,是教学内容的现代化。要引进具有国际先进水平的好教材,不断充实反映科学技术和社会发展的最新成果,使教学内容更具前瞻性。此外,还有教学手段的现代化。要充分利用现代信息技术,改进教学手段和方法,逐步实现教学设备网络化、教学手段综合化、教学管理科学化。

(三)综合化战略

综合化是经济全球化的必然要求。中国入世后,经济发展需要的人才规格将发生较大变化,就业的结构性矛盾将进一步突出,这就要求高等教育培养适应经济全球化、全面进入国际大市场进行竞争的外向型人才;要求高等学校培养的人才必须是既专又博的创新性人才;要求高等学校专业设置必须是文理交叉、理工融合,易于生长新兴和边缘学科的多学科集合体。海洋具有开放性、复杂性、特殊的生态性,以及稳定性与适应性相协调等特性,由此注定了海洋科学研究的多学科交叉、渗透和综合的特征,而且这种特征随海洋科学自身的发展日益明显,这在海洋科学国际合作研究计划中都得到了充分反映。特别是近十几年来,国际社会和经济可持续发展对海洋科学所提出的诸多全球性问题,包括厄尔尼诺现象、海平面变化等海洋生态环境问题,都无一不要求海洋科学与物理、化学、地质、生物等诸多方面的交叉、渗透和综合。此外,这一特征不仅表现在自然科学自身,也表现在与管理、人文、经济和法学等社会科学的交叉[1]。所以,针对入世后经济发展的综合化,为适应21世纪海洋科学的发展,应建立完善的海洋科技与管理人才培养体系。

(四)整体化战略

全球化需要某个模块发展的整体化运作,因此需要对海洋人力资源和教育全面规划,推进海洋人才培养和教育整体均衡发展。以培养海洋人才的五所海洋类高校看,相关的海洋高等教育正处于成长期。要实现海洋经济强国的目标,我们要对全国海洋教育资源进行整合、优化,对海洋教育进行全面规划,以促进我国海洋教育事业的均衡发展和整体优化。

从空间布局看,我国沿海地区的主要省份均有涉海类高校或专业,基本能够满足海洋人才培养需求,但发展过程中整体意识欠缺,除中国海洋大学为教育部直属学校,在人才培养方面有一定的全局思考外,大部分海洋高校从属于地方教育部门管理,其专业设置和人才培养必然有地方化倾向,局限于人才培养的区域性,更可能体现出无序和短视的人才培养现象[2]。这样海洋教育的非整体性使其弊端暴露无遗。可喜的是,部分地方海洋高校的办学模式也在悄然发生改变,如地方海洋教育的新模式——省部共建模式,应该是海洋人才培养整体性战略的一种有益尝试。

五、海洋人力资源管理过程

如果把人力资源管理描述为一系列活动,那么它是由三部分构成的:第一,为组织吸引有效率的劳动力;第二,开发劳动力的潜能;第三,长期维持这些劳动力。

---

① 谢素美,徐敏.海洋人力资源管理措施初探[J].海洋开发与管理,2007(4):37-41.
② 崔旺来,文接力.基于政府视角的海洋人力资源培育[J].辽宁行政学院学报,2012(7):110-111,113.

吸引、培养和保持人力资源是人力资源管理的管理过程(如图 5 - 2),对于涉海部门来说也不例外。涉海部门的人力资源是其有效运行的根本保证和来源,因此,如何吸引、培养和保持有效率的人力资源是海洋人力资源管理最根本也是最重要的任务。

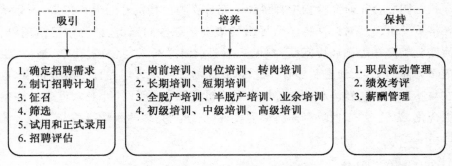

图 5 - 2　海洋人力资源管理过程图

(一) 吸引有效率的人力资源

吸引人力资源是人力资源管理最先开展的工作,同时也是一个复杂的、系统的而又连续性的程序化操作过程。它体现为对涉海人才从招聘到评估的一系列过程,包括确定招聘需求、制订招聘计划、征召、筛选、试用和正式录用、招聘评估这六个阶段。

1. 确定招聘需求

招聘开始之前,首先要明确以下几个问题:是否存在岗位空缺? 存在多少个岗位空缺? 需要多少人来填补岗位空缺? 所需人员应该具有何种经验、知识和技能? 组织所能给予的待遇条件是什么? 这些岗位空缺可能是由于组织结构调整或业务变更产生了新的岗位,也可能是由于组织内部人员流动而产生的岗位空缺。这项工作需要在人力资源规划中完成。

2. 制订招聘计划

在确定招聘需求之后,需要结合对外部环境的分析考虑,制订一个完善的招聘计划。招聘计划应包括三项内容:确定人员征召渠道、确定人员选择方法、拟订招聘预算。(1)确定通过何种渠道征召到足够数量的候选人员。如果需要内部招聘,就要从现有职员中挑选出能够满足新岗位工作需要的人员;如果需要外部招聘,可通过学校、劳动力市场、劳动服务和中介机构等渠道进行。(2)确定人员选择的适当方法。挑选人员的方法很多,都各有利弊,不同的选择方法,招聘成本也大不相同,招聘不同的人员,就要采取不同的选择方法。组织要权衡各种方法的利弊,选择恰当的方法,争取以最低的成本在有限的时间内招聘到所需的人员。

（3）估算招聘费用。随着人才争夺的日趋激烈，组织用于招聘的费用有不断提高的趋势。招聘单位可用于招聘的费用多少，在一定程度上决定了他们能够采用的招聘方法。

3. 征召

计划工作一旦完成，征召工作就可以开始了。征召就是吸引和召集候选人的过程。要吸引和召集到足量的候选人，就需要对劳动力市场资源进行必要的开发。因为从理论上来说，凡是进入劳动力市场的人都有资格作为求职者。而劳动力市场又是千差万别、种类繁多的，组织招聘部门不可能到每个劳动力市场去召集应聘人员。招聘部门必须对劳动力市场进行开发，即通过各种征召渠道和方法发布真实可靠的招聘信息，以便吸引和召集到更多的候选人。例如，可以发布招聘广告，派出招聘人员到高校，召开招聘信息发布会，向组织内部职员公开招聘信息等。征召工作做得好与坏，在很大程度上决定了应聘人员的数量和质量。

4. 筛选

在征召活动获得了一定数量的可供挑选的候选人，即形成"求职者蓄水池"之后，工作就进入筛选阶段。筛选候选人是吸引人才过程的一个重要组成部分，其目的是将明显不合乎职位要求的申请者排除掉。工作岗位的报酬以及对人员所要求的知识、技能、经验等是判断候选人资格的标准。筛选应聘者的主要手段是测试。测试主要包括面试、笔试、心理测试、模拟情境测试等。

5. 试用和正式录用

经过筛选，挑选出合格的求职者之后，便进入了试用和正式录用阶段。一般来说，候选人由人事部门决定是否录用，而对管理人员及技术人员则需由招聘工作委员会集体决定。对决定录用的求职者要发出正式通知，对不予录用的求职者也应致函表示歉意。对决定聘用的人员，在签订劳动合同以后，要有 3～6 个月的试用期，如果试用合格，试用期满，便按劳动合同规定，享有正式合同工的权利并负相应的责任。

6. 招聘评估

招聘录用工作结束后，还应该进行最后的评估工作。一般来说，招聘评估包括两个方面：一是反映招聘成本的时间效率和经济效率评估；二是录用人员的数量、质量评估。实践证明，通过不同的招聘渠道和招聘方法，产生的招聘效果是极不相同的。招聘评估工作可以及时发现招聘工作中存在的问题，通过分析原因，寻找解决的对策，可以及时调整有关计划并为下次招聘提供经验教训。

（二）培养有效率的人力资源

根据不同的培训目的、培训对象和培训内容的要求，对涉海人才的培训可采取多种组织形式。

1. 岗前培训、岗位培训、转岗培训

岗前培训也叫职前培训或新职员培训,是对组织新进职员在任职上岗前给予的培训,以使新职员对组织、组织文化、工作环境、拟担任的工作有基本的了解。应该说这种形式对于促进新职员尽快熟悉、适应组织环境,进入工作角色具有十分重要的意义,因此,各类组织都十分重视这种培训。岗前培训主要包括两个方面内容:一是进行组织文化的教育,包括组织的总体目标、使命、管理哲学、价值观、组织的历史及发展现状、有关规章制度及政策、组织期望、工作内容、工作职责、工作关系等。这个方面内容的培训主要培养和激励职员的个人责任心、组织荣誉感、价值追求、品格、信誉、效益观、质量意识等,以便为培训组织归属、集体主义和合作精神奠定基础。二是进行业务知识教育,使新进职员掌握必要的业务知识和业务技能,然后根据需要和最初的适应性考察把新职员分配到不同部门中去。

岗位培训就是针对职员在某一工作岗位的需要进行的在岗培训。应该说每个岗位都有职员工作必须了解和掌握的理论知识、专业知识和实践知识及技能,许多在岗职工只会机械地操作而缺少必要的理论知识和专业知识,因此定期或不定期地进行在岗培训也是十分必要的。岗位培训除了进行必要的理论知识、专业知识培训教育外,重点是对职员的业务能力进行培养和训练,以使职员熟练掌握操作技能。目前,岗位培训主要由组织自己办班、办学或通过职工培训中心进行,且有专门的培训教材和师资队伍,还建立了配套的考核结业制度。

转岗培训就是针对职员工作岗位调动及新岗位工作需要进行的培训。职员内部工作岗位的调整多是出于工作和人员配置的需要,而且其本身就是一种培训方法——在职培训的一种方法。无论是各级管理人员还是一般职工,在进入新岗位之前或之后,都要进行这种培训。转岗培训主要是为转岗职员进行新岗位所必需的新知识、新技术和新能力培训,使其能尽快地适应新的工作岗位需要。涉海组织不仅应重视转岗培训,而且应把这种培训作为培养大批掌握多种知识和技能的复合型人才的重要途径。

2. 长期培训、短期培训

长期培训是指根据组织现在特别是未来发展需要及职员未来的职业定向而进行的时间较长的培训。这种培训一般都具有综合性和未来导向,所培训的内容涵盖理论、业务等多方面,培训的方法多采取全脱产类型下的进入大学深造、出国研修等,主要是提高受训者的综合素质、学历水平、领导才能或业务技能。

短期培训是指根据工作岗位急需或其他原因而对职员进行的时间较短的培

训。这种培训的一个鲜明特点是现在导向。所谓现在导向,是指专业性、针对性较强,急用先学、立竿见影,近期效益突出。如为开发新产品,学习产品开发的知识和技能;为从事营销工作,学习市场营销的基本知识和基本技能等。

3. 全脱产培训、半脱产培训、业余培训

从受训者是否脱离工作岗位来划分,培训的形式分为全脱产培训、半脱产培训和业余培训。全脱产培训是受训者在一段时期内完全脱离工作岗位,接受专门培训后,再继续工作;半脱产培训是受训者每天或每周抽出一部分时间接受培训;业余培训是受训者完全利用业余时间如周末、晚上接受培训,而不影响正常生产或工作。

4. 初级培训、中级培训、高级培训

从培训的层次上来划分,培训可分为初级培训、中级培训和高级培训。在一个组织内部,不仅管理人员而且一般职员也可分初级(基层)、中级和高级三个层次。这三个层次的培训不仅组织形式应该有差别,而且培训内容及方法也应该根据层次的不同、工作内容和工作需要来区别。初级培训在内容上侧重于一般的理论知识、专业知识和业务操作技能,在方法上多采取听讲座、视听教学、学徒制等。中级培训在内容上与初级培训相比,会适当增加理论内容。高级培训则主要侧重于学习新理论、新观念、新方法。如对高级管理人而言,侧重于培训思想技能、管理理论与方法等的内容;对高级工人而言,侧重于培训高、精、尖的知识与方法。

(三)保持有效率的人力资源

保持有效率的人力资源的途径主要包括职员流动管理、绩效考评和薪酬管理。

1. 职员流动管理

经济日益全球化,商品、服务、技术、管理知识以及资本的跨国流动使组织面临的竞争环境越来越具有动态性,全球化经济给人力资源及其管理提出了新的要求。在需要人力资源的时候,组织通过人力资源的流入或人力资源的内部流动来满足需要,从而支持组织的战略决策的实施。而当组织发展不需要富余的人力资源的时候,也可以通过人力资源的有序流出来消除富余,从而降低人力资源成本。在这种迅速变化的环境中,科学的职员流动管理能使职员的流动同组织的战略决策相匹配,最终实现组织的生存和发展。

在组织的历史发展过程中,相对稳定的组织发展环境使得职员流动管理并没有得到管理者的重视。但是随着组织中知识型职员的增多,技术的飞速发展,市场需求的变化,复杂的组织、文化问题与政府的介入,职员流动管理已经逐渐成为

人力资源管理中的一个核心领域。它同时关系着职员的职业生涯发展、组织的竞争力和社会的稳定三个方面的内容。具体来说，就是要保证职员流动管理实现如下目标：(1) 在组织发展的任何时候都能在一定的成本基础上找到具备组织所需才能的相当数量的职员；(2) 为组织的未来发展储备符合需要的职员；(3) 职员可以感觉到组织的进步和发展机会与其自身需要的进步和发展机会相一致；(4) 职员可以感觉到组织在选人、安置、晋升和解雇等方面都是公平的，职员不会因为自身的不可控因素而被解雇。

2. 绩效考评

在当今世界中，大多数发达国家的政府和企业对绩效考评越来越重视。许多组织把绩效考评与人力资源管理的其他活动紧密结合起来进行运营和管理。人力资源部对被考评职员的大量资料和数据进行收集和处理，并以此作为其奖励、升迁等的基础和依据，同时，还把这些材料和数据反馈给其他相关部门，为其他管理部门的决策活动提供依据。

制订考评计划。考评计划是实施考评时的指导性文件。计划的内容通常包括：本次考评的目的、对象、内容、时间和方法。考评的目的不同，考评对象也不相同。例如，晋升考评与常规考评的对象就有差别，前者通常只是在具备晋升资格的职员中进行，而后者则往往在全体职员中进行。考评目的和考评对象又进一步决定考评的具体内容、实施的时间、实施地点以及所选择的考评方法等。

确定绩效考评内容和考评标准。考评内容则可以根据该组织的管理特点和实际情况确定，一般来说，可以将考评内容平均划分为"重要任务"考评、"日常工作"考评和"工作态度"考评三个方面。(1) "重要任务"是指在考评期内被考评人的关键工作，往往列举 1～3 项最关键的即可。如对于开发人员可以是考评期的开发任务，对于市场人员可以是几个大业务的运作情况。对于没有关键工作的职员（如前台）可以不对"重要任务"进行考评，将"日常工作"和"工作态度"作为总分。(2) "日常工作"的考核条款一般以岗位职责的内容为准，如果岗位职责内容过杂，可以仅选取重要项目考评。(3) "工作态度"的考核可选取对工作能够产生影响的个人态度，如协作精神、工作热情、礼貌程度等，注意一些纯粹的个人生活习惯等与工作无关的内容不要列入考评。对于不同岗位的考评可选择不同的考核项目。

实施考核评价。这一阶段是绩效考评的具体实施阶段。通常，考评人员要在考评计划的指导下，以考评标准为依据对职员各个方面的表现进行考评，得出考评意见。这一阶段的工作往往是一个从定性到定量的过程，具体包括对每一考评项目评定等级，并对其进行量化。在此基础上对照职员的实际表现为每一个考评项目评分。最后,对各项指标的分数进行汇总分析,得出考评结果。

考评结果的反馈与运用。"考评沟通"是整个考评中的重要环节。它的主要任务是让被考评者认可考评结果,客观地认识自己并且改进工作,这也正是进行绩效考评的根本目的。"考评沟通"应由考评人和被考评人单独进行,时间为 1 h 左右为宜。沟通的程序建议采用"三明治"法,即开始先对被考评人的工作成绩进行肯定,然后提出一些不足(这时要充分听取被考评人的意见,让其畅所欲言)及改进意见。最后再对被考评人进行一番鼓励,这一阶段也是绩效考评工作的最后阶段。

3. 薪酬管理

薪酬是职员从事劳动或工作所应得到的物质报酬,它与职员的切身利益密切相关,是影响与决定职员的劳动态度和工作行为的重要因素之一。同时,由于薪酬在组织运作成本中所占的比重很大,是组织十分关心的重大问题,因此,对于组织来讲,薪酬是把"双刃剑",一方面它是激励职员、达成组织目标的主要手段,另一方面,它又是组织运作的主要成本之一,一旦运用不当,就会给组织带来比较大的损失。鉴于此,人力资源管理的一项重要任务,就是要合理地确定职员的薪酬,建立有效的薪酬制度,科学而高效率地实施薪酬管理。因此,要达到最好的薪酬系统,应先满足以下条件:

(1) 制定薪酬策略。薪酬应该根据绩效、产品、市场开发、服务对象和组织发展(文化和结构变革)等方面而调整;

(2) 薪酬政策制度化,并依据组织需求的改变而做出相应的改变;

(3) 薪酬体系对职员的贡献、技术和能力做出评价;

(4) 薪酬系统是透明的,职员应有权对影响其利益的任何领域提出意见,并且尽可能参与到薪酬制度的制定过程中去;

(5) 薪酬政策强调平等和公正的重要性,但同时应认识到内部平等的理想状态在外部市场的压力下不可能完全实现;

(6) 给中层管理者最大的权限,让他们在预算范围内,依据概括化的政策管理薪酬系统;

(7) 如果薪酬系统与其他事务和对待职员的政策相冲突,优先采用薪酬。并且,应该尽量寻求一条整合的道路来发展各种相互支持性的策略系统。

美国著名管理学家彼得·德鲁克说:"在人类历史上,还很少有什么事比管理学的出现和发展更为迅猛,对人类具有更为重大和更为激烈的影响。"环境管理的基本任务是转变人类社会的基本观念和调整人类社会的行为。现代环境管理的重要任务之一就是营造一种环境文化和环境氛围,使置身其中的人类自觉地对自身思想观念和行为进行调整,以求人类社会发展与自然环境的承载能力相协调。

海洋是富饶而未充分开发的资源宝库。海洋资源是人类共同的继承遗产。人类的可持续发展必然越来越多地依赖海洋,开发利用海洋资源对于我国的长远发展具有十分重大的战略意义。海洋资源勘探开发还处于初始阶段,人类详细调查勘探过的海域不超过海洋总面积的 10%,许多已经发现的海洋资源还难以开发利用,海洋资源问题是长远战略问题,需要国家统筹规划。21 世纪是海洋世纪,我们要用战略眼光筹划海洋资源的勘探开发,制定合理的开发规划,积极利用世界海洋资源,为国民经济和社会的可持续发展提供资源基础和保证,为 21 世纪实现中华民族的伟大复兴做出更大贡献。

第七节　我国海洋资源保护法律体系现状

从现行立法体制或法律法规的效力级别看,我国海洋资源法律法规体系主要由以下七个层次构成:

一、宪法

宪法主要规定国家在合理开发、利用、保护、改善环境和自然资源方面(包括海洋资源)的基本职责(即基本权利和义务)、基本政策以及单位和公民在这方面的权利和义务等基本问题。宪法是国家的根本大法,宪法中有关海洋资源保护的规定具有指导性、原则性和政策性,它构成我国海洋资源法体系的宪法基础。

二、海洋资源法律

海洋资源法律是指由全国人民代表大会及其常务委员制定的有关合理开发、利用、保护和改善海洋资源方面的法律。我国目前尚没有以直接保护海洋资源为名义的法律,但是很多资源方面的法律都涉及海洋资源,如《中华人民共和国渔业法》《中华人民共和国矿产资源法》《中华人民共和国野生动物保护法》《中华人民共和国土地管理法》。

三、海洋资源行政法规

海洋资源行政法规是指由国务院制定的有关合理开发、利用、保护和改善海洋资源方面的行政法规,如《中华人民共和国渔业法实施细则》《中华人民共和国陆生野生动物保护实施条例》《中华人民共和国水生野生动物保护实施条例》《中华人民共和国野生植物保护条例》等。

四、地方海洋资源法规

地方海洋资源法规,是指由各省、自治区、直辖市和其他依法有地方法规制定权的地方人民代表大会及其常务委员会制定的有关合理开发、利用、保护和改善海洋资源的地方法规,如《江苏省海岸带管理条例》《青岛近岸海域环境保护规定》《广东省渔港管理条例》等。

五、海洋资源行政规章

海洋资源行政规章,是指国务院所属各部委和其他依法有行政规章制定权的国家行政部门制定的有关合理开发、利用、保护和改善海洋资源方面的行政规章,如《渔业作业避让暂行条例》《长江渔业资源管理规定》《开采海洋石油资源缴纳矿区使用费的规定》等。

六、地方海洋资源行政规章

地方海洋资源行政规章,是指由各省、自治区、直辖市和其他依法有地方行政规章制定权的地方人民政府制定的有关合理开发、利用、保护和改善海洋资源方面的地方行政规章,如《天津市海域环境保护管理办法》《河北省近岸海域环境保护暂行办法》等。

七、其他海洋资源规范性文件

其他海洋资源规范性文件,是指除上述六类外,由县级以上人民代表大会及其常务委员会、人民政府依照宪法、其他法律的规定制定的有关合理开发、利用、保护和改善海洋资源方面的规范性文件。

从立法体制来看,我国海洋资源法律体系已经初步建立,但是整个体系仍然存在很多问题亟待解决:如有关海洋资源开发利用方面的法律仍显不足;海洋资源管理综合性法律和专项管理法律法规稀缺;我国管理海洋事务或活动的机构众多,制定海洋法规的部门众多,条块分割十分严重,造成现有法律法规的不系统、不协调等[1]。

我国海洋资源法制建设虽然得到了较大发展,但是相对而言还处于落后状态,最大的缺陷是,我国海洋资源法律体系中尚缺乏一部专门的海洋资源基本法律。我国有关海洋资源利用与保护的法律规定散见于海域使用管理、土地管理、

---

① 金永明.论海洋资源开发法律制度[J].海洋开发与管理,2005(06):54-58.

矿产资源、渔业、环境保护、海洋环境保护等方面的单行法律法规之中,这种状况不利于扭转我国海洋资源开发利用无序、无度的状况。

在我国,海洋环境保护法占有主导地位,海洋资源法制发展则相对滞后。现行的《海洋环境保护法》是对我国海洋环境保护进行比较全面的法律调整的综合性法律,但该法只是在"海洋生态保护"中对海洋资源保护做了简单的原则性规定,其余各章均是规定海洋环境的法律保护,其直接原因是为了解决因海洋污染(特别是海洋石油污染)而导致的严重的海洋环境危机。可见,我国现行《海洋环境保护法》重污染防治而轻资源保护,所以说还不是一部对海洋环境与海洋资源进行均衡调整的综合性法律。我国还没有一部直接以海洋资源为保护对象的法律。综合性的海洋资源保护法,从全局出发,对合理利用、保护和改善海洋资源等重大问题做出规定,在整个海洋资源法律体系中处于必不可少的中心地位。因此,学者呼吁和建议全国人大常委会对海洋资源保护进行充分调研,调海洋资源保护职能部门,合各单行海洋资源法律法规,尽快制定"海洋资源保护法",从而完善我国海洋资源法律体系[①]。

---

① 谭柏平.我国海洋资源保护法律制度研究[D].中国人民大学,2007.

第 六 章
海洋环境管理的其他问题

第一节　海洋环境调查

海洋环境调查是对海洋中的物理、化学、生物、地质、地貌、水文气象及其他一些性质的海洋状况的调查研究。海洋环境调查一般是在选定的海区、测线和测点上布设和使用适当的仪器设备，获取海洋环境要素资料，揭示并阐明其时空分布和变化规律，为海洋科学研究、海洋资源开发、海洋工程建设、航海安全保证、海洋环境保护、海洋灾害预防提供基础资料和科学依据。本节简单介绍海洋调查的发展历史，力求让读者了解海洋调查的重大科学意义，掌握海洋调查的分类及内容。

一、海洋环境调查简史

海洋环境调查一般分为综合调查和专业调查两大类。

（一）单船调查时期（20 世纪 50 年代前）

20 世纪初，海洋学的发展主要是以生物学为主；在第二次世界大战期间，因为战争需要，突出发展了水声技术、海浪观测和预报，从而推动了海洋科学在理论方面的发展。

但是，在 20 世纪 60 年代以前，海洋水文观测资料除了岸边寥寥可数的验潮站和水文气象台的观测资料以外，几乎完全是依靠"单船走航"方式来获得的。十几年前，美国有一位颇具盛名的海洋学家曾经说过这样的话，大意是：以单船走航方式来获得海洋水文资料，就好像用"流动气象站"来获取气象资料一样。气象学家们对"流动气象站"获取的大气资料当然是不屑一顾的，但海洋学家们却以能取得单船走航方式获取的观测资料为满足。这是一个带讽刺性的，但又是千真万确的事实。

截止到 20 世纪 50 年代，全世界进行了 300 多次海洋调查，范围都不大，调查的项目也不多，调查持续时间也不长，观测手段都十分落后，而且相当部分只集中在几个海区,如毗邻欧洲的北海、波罗的海和地中海,北美洲东岸墨西哥湾流区域、西岸的加利福尼亚流区域,以及亚洲的黑潮区域和日本近海等。从 19 世纪到 20 世纪 50 年代前期,这期间最负盛名的单船走航调查有:

(1) 英国"贝格尔号"环球探险(1831—1836);

(2) 北大西洋海洋测深调查(1856—1860);

(3) 英国"挑战者号"环球科学考察(1872—1876,近代海洋学奠基性调查);

(4) 德国"流星号"调查(1925—1927,1937—1938,海洋调查代表性资料);

(5) 瑞典"信天翁号"调查(1947—1948,近代海洋综合调查的典型);

(6) 英国"挑战者 2 号"(1950—1952);

(7) 美国"卡内基号"调查(1909—1921,间断 20 年进行);

(8) 丹麦"丹纳 1 号"和"丹纳 2 号"(1921—1935,间断 15 年进行);

(9) 丹麦"加拉蒂亚号"调查(1950 年)。

根据前述海洋调查资料,海洋学家们发现了海水主要成分之间相对含量的恒定性,测量了氯度、盐度及密度的比值,测定了海水中各种元素含量;在海洋生物方面,对较大生物进行了分类,并对生物与环境之间的关系进行了研究;在地质学方面,人们对海底地貌、沉积物分布有了初步了解;在物理海洋学方面,对潮汐、海浪、海流的研究多有建树,绘制出了世界大洋的海流图轮廓,并于 20 世纪 50 年代初,提出了与之相应的世界大洋环流的基本理论——"风生漂流理论"。

(二)多船联合调查时期

1958 年,海洋学家斯瓦罗用声学追踪的中性浮子的方法测量了湾流区域的底层流。实测结果表明:海流速度比他预期的大 10 倍以上,而且在几十千米这样短的距离之内,海流的流向可以完全相反。同时,在一个月左右的时间内,那里的海流还显示出相当大的时间变化。次年,"阿里斯号"调查的观测资料,又证实了上述发现。这样一来,以多船合作调查代替一二百年来一直沿用的单船进行的海洋调查方式应时而起。从 50 年代中期到 60 年代中后期的 10 余年间,多船合作调查盛行一时。这期间的海洋调查主要有:

(1) 北太平洋联合调查计划(1955,NORPAC):美国加利福尼亚大学斯克里普斯海洋研究所发起,联合调查的先声。

(2) 国际地球物理年(1957—1958,IGY)和国际地球物理(1959—1962,IGC)合作的联合海洋调查,规模之大空前。

(3) 国际印度洋调查(1960—1964,IIOE),迄今为止对印度洋最大规模的海洋调查。

(4) 国际赤道大西洋合作调查(1963—1965,ICITA),多船合作和浮标阵观测的先声。

(5) 黑潮及其毗邻海区的合作调查(1965—1970,CSKC)。

通过这些大规模的多船联合调查,学者们发现了大洋海流中两种极其重要的现象:一是在太平洋和大西洋赤道海流之下,发现到处都存在的赤道潜流;二是在湾流中不但经常出现尺度相当大(几百千米)、寿命相当长(几个月)的弯曲(Meander),而且当它与主流分离后还形成流环(Loop),而在湾流区域的某些位置上,有时竟同时出现好几个涡旋(Eddy),使人对湾流本身难以辨认。

进入 20 世纪 80 年代海洋调查更趋多船同步,偏重于专项研究。例如:

1986—1990 年,中美西太平洋热带海气相互作用联合调查,中国"向阳红 5 号"和"向阳红 14 号"实施海上调查,完成了综合考察站 350 个站次和 36 条观测断面的科学考察任务;

1986—1992 年,中日黑潮合作调查,实施海洋调查的有中国的"向阳红 9 号""实践号"以及日本的"昭洋丸""拓洋丸""海洋丸"等 14 艘海洋调查船;

1992 年 11 月 1 日—1993 年 2 月 28 日,热带海洋与全球大气—热带西太平洋海气耦合响应试验(TOGA - COARE),在热带西太平洋"暖池区"进行连续 4 个月的强化观测。此次调查中,由 3 个卫星系统、7 架飞机、14 条调查船、31 个地面探空站、34 个锚系浮标和几十个漂流浮标构成一个立体观测体系进行观测。作为双边合作和对国际计划的贡献,中国参加调查的单位有国家海洋局、中国科学院、原国家教育委员会、中国气象局等,并派国家海洋局"向阳红 5 号"、中国科学院"科学 1 号""实验 3 号"等三艘海洋调查船参加了全过程的观测,调查取得了满意的成果。

目前,世界许多国家在南极建有考察站,并派船进行南大洋的海洋调查研究。1984 年 11 月,由 23 个部委局的 60 个单位、591 名考察队员所组成的中国首次南极考察队,从上海港登上"向阳红 10 号"和"J121 号"船,开始了中华民族史上远征南极洲的处女航,至今已经完成 15 次南极科学考察;其中,第 3 次南极考察队随"极地号"进行环极科学考察,获得了比较完整的太平洋、大西洋和印度洋的水文、化学、物理和重力等资料,这在中国航海史和海洋科学史上都是第一次。通过南大洋调查,获得了以普里兹水域为重点的大磷虾分布和生物量资料,研究了大磷虾分布区的海洋学环境。现在,"雪龙号"船作为我国第三代南极考察、运输两用破冰船,配备了面积为 200 m² 的大洋考察实验室,安装了 CTD(温盐深仪)和走航测航的 ADCP(声学多普勒流速剖面仪)等国际先进的大洋调查仪器设备。该船已执行了我国第 11 次至第 15 次南极考察任务。

1999 年 7 月至 9 月,"雪龙号"载着中国 19 个单位的 66 名科考队员进行了中国首次北极科学考察。考察目的是:探讨北极在全球变化中的作用和对我国气候的影响;了解北冰洋与北太平洋水团交换对北太平洋环流的影响;了解北冰洋邻近海域生态系统与生物资源对我国渔业发展的影响等。大洋考察项目有物理海洋学、海洋化学(包括放射化学)、海洋生物(浮游动物、浮游植物、底栖生物、微生物)、海洋地质、海洋渔业资源等;在北冰洋冰边缘进行的项目有大气、海洋、海冰等项目的综合观测;在联合冰站进行大气边界层(辐射、冰温梯度、风速、温度和湿度脉动)观测,系留汽艇系统观测,常规和臭氧探空,物理海洋,冰物理(冰雷达、RADARSAT - 1 卫星 SAR),冰雪化学,冰下生态等多学科综合调查。

另外,此次科学考察还包括走航的气象、SST(海温)和海表红外温度、ADCP 测流、XBT(投弃式深温计)、XCTD(投弃式温盐深仪)、紫外辐射、大气和海表 CO_2 观测;航路采样观测有海表盐度、叶绿素、生物生产力、大气气体组分和大气粉尘中孢粉、沉积矿物和气溶胶、海水表层低分子挥发性脂肪酸、石油烃等有机污染物。通过走航的气象观测、海洋 SST 和海表红外温度观测,发现了北极的冷源区域;通过走航的大气和海表 CO_2 观测,发现海洋是 CO_2 的源区海域。

(三) 无人浮标站的使用取得全天候的连续资料

海洋学的主要研究对象是海洋中各种不同类别和不同尺度的动力和热力过程,研究手段主要是现场观测,最直接的方法是利用船舶出海调查。但这种"经典的"(常规的)海洋调查方法提供的只能是离散的、非同步的、有限的海洋数据。这些数据在构造海洋中大尺度过程的概念上,在建立经典的海洋动力学模型中曾经起过作用,但是要较精确地研究海洋的各种中、小尺度过程就显得无能为力了。用船只观测费用很高,并且要受到恶劣天气的限制。无人浮标观测站不论在什么样的天气情况下,都可以终年在海上获取连续资料。

现在无人浮标观测站有固定式、自由漂浮式、水下自动升降式、深潜器等多种,可以适应不同的需要。

固定浮标是用锚将观测浮标固定在一定的海域内,用水上、水下仪器监视天气和水体的变化,包括温度、盐度、海流及水面波浪的变化。自由漂移浮标(包括冰上漂流浮标)能随波逐流地自由运动,可以测量不同位置的天气、温度和海浪,它漂移的轨迹可以描述海流空间的变化(见图 6 - 1)。

自动升沉浮标,可以在水内自动升降,测量不同深度的海流、温度、盐度等,减少仪器的数量。竖立浮标,又叫竖立船,"环球挑战者号"就是其典型代表。

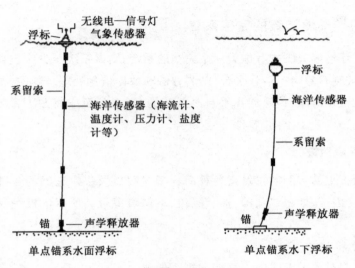

图 6 - 1

通过对浮标和调查船上的数据资料进行分析,海洋学家们从根本上改变了过去对大洋环流结构的概念,认识到大洋里并不只存在着一个风生流涡,而且存在着大量的中尺度涡旋,海洋中很多自然现象均和它间接有关。可以说,发现中尺度涡旋在整个海洋科学上是一件大事。它使海洋学家们有可能对海洋里的水文现象进行"天气分析",也标志着海洋水文物理学已经由过去研究平均水文情况的"气候学时代",向研究水文情况逐日变化规律的"天气学时代"转变,并迈进了一大步。

深潜器的调查,包括从陆架水域的调查潜艇,到大深度作业交通器、无人装置的遥控水下操纵器(使人们可以在水下直接观测被测对象),都已经成为了当代海洋调查的有力工具。

(四) 海洋遥感获得大面积同步资料

航空遥感和航天遥感有许多共同点,也各有所长和不足,它们是相辅相成的。

飞机可以空投 XBT 测量海温垂直剖面,进行海水取样;用专门的浮标装置直接测量海流和海浪;投弃式声学浮标探测海水声学特性和进行水下声学监测;机载气象传感器可直接测量大气参数等。

飞机上的海洋遥感器受大气和其他环境因素影响小,测量结果比航天遥感器准确可靠,是卫星遥感器试验、发展和地面校准所必不可少的。

二、海洋环境调查的完整系统

把海洋环境调查工作考虑为一个完整的系统,则该系统至少应包含如下五个主要方面:被测对象、传感器、平台、施测方法和数据信息处理。其中,被测对象实际是系统的工作对象,传感器和平台是系统的"硬件",而施测方法和数据信息处理技术则是一定意义上的"软件"。

(一)被测对象

海洋调查中的被测对象是指各种海洋学过程以及决定它们的各种特征变量场,即各环境因子,如温、盐、深、浪、潮、流、溶解氧等等。所有的被测对象可以分为五类:

1. 基本稳定的

这类被测对象随着时间推移变化极为缓慢,以至可以看成是基本不变的,例如各种岸线、海底地形和底质分布。它们在几年或十几年的时间里通常不发生显著的变化。

2. 缓慢变化的

这类被测对象一般对应海洋中的大尺度过程,它们在空间上可以跨越几千千米,在时间上可以有季节性的变化。典型的有著名的"湾流""黑潮"以及其他一些大洋水团等。

3. 变化的

这类被测的对象对应于海洋中的中尺度过程,它们的空间跨度可以达几百千米,寿命约几个月。典型的如大洋的中尺度涡,浅、近海的区域性水团(如我国的黄海冷水团)以及大尺度过程的中尺度振动(如湾流、黑潮的蛇曲等)。

4. 迅变的

这类被测对象对应于海洋中的小尺度过程。它们的空间尺度在十几到几十千米范围,而生存周期则在几天到十几天之间。典型的如海洋中的羽状扩散现象、水团边界(锋)的运动等。

5. 瞬变的

这类被测对象对应于海洋中的微细过程,其空间尺度在米的量级以下,时间尺度则在几天到几小时甚至分、秒的范围内,常规的海洋调查手段很难刻画它们。典型的如海洋中的湍流运动和对流过程等。

将被测对象分类,有助于人们合理地计划海洋调查工作和有目的地发展海洋调查技术。历史证明,人类对海洋过程的认识,从时间、空间尺度上来说,主要是由慢而快、由大到小的。目前,研究已由气候模型转向天气模型,逐步加强了中尺度海洋现象的研究,许多现场试验已经或正在进行,以期尽早从理论上和实用上解决与中尺度过程密切相关的海洋学问题(如各种海洋预报)。可以认为,解决中尺度的变动的海洋过程的监测问题,是当前海洋学的重要问题。

(二) 传感器

这里所指的是广义的传感器,即能获取各海洋数据信息的仪器和装置,类别繁多,品种不一。按提供资料的特点不同,可大致分为以下三种:

1. 点式的

点式传感器,感应空间某一点被测量的对象,如温度、盐度(电导率)、压力、流速、浮游生物量、化学要素的浓度等。通过点式传感器得到总离散的观测数据。典型的如南森采水器,一条钢缆厂按一定间隔悬挂着的采水瓶和颠倒温度表可以采得不同深度点上的水样和测得各点的水温。

2. 线式的

线式传感器可以连续地感应被测量的对象。当传感器沿某一方向运动时,可以获得某种海洋特征变量沿这一方向的分布。例如,常用的投弃式温盐深仪(XCTD)和投弃掷式深温计(XBT)以及温盐深自动记录仪(CTD)。这些仪器可以提供温度随深度变化的分布曲线,其他各种走航拖曳式仪器则可给出温度、盐度等海洋特征变量沿航行方向上的分布。如果传感器固定在某一测点,还可提供该点海洋特征量随时间变化的曲线,即一条过程曲线,如自计水位和测波仪就是典型的例子。

3. 面式的

面式传感器可以提供二维空间上海洋特征变量的分布作息,也就是可以直接提供某海洋特征变量的二维场。例如,20 世纪 60 年代发展的测温链(拖曳式热电阻链)可以给出垂直剖面(XS)或(YJ)上的十温等值线分布,而近代航空和航天遥感器则能提供某些海洋特征量在一定范围内海面(XJ)分布,典型的如经过处理的红外照相可以显示等温线的平面分布。

关于传感器的精确度(包括面式传感器的空间分辨率)要求是个争论的问题。多数人的看法倾向于根据主要的需要来确定准确度,在需要和可能之间进行折中。当然,对于小尺度和微细结构的研究来说,也必须发展部分高准确度的传感器。

(三) 平台

平台是观测仪器的载体和支撑,也是海洋调查工作的基础,在海洋调查系统中平台是一个重要的环节。平台一般分为两类：

1. 固定式

固定式平台是指空间位置固定的观测工作台。在这种平台上,传感器可以连续工作以获取固定测站(或测点)上不同时刻的与海洋过程有关的数据和信息。常用的固定平台有沿海海洋观测站、海上定点水文气象观测浮标、海上固定平台等。

2. 活动式

活动平台是指空间位置可以不断改变的观测工作台或载体活动平台,还可细分为主动式和被动式两种。主动式可以根据人的意志主观地改变位置,例如水面的海洋调查船、水下的潜水装置;被动式如自由漂浮观测浮标,按固定轨道运行的观测卫星等。

(四) 施测方法

对于一定的被测对象,以所掌握的传感器和平台,来选定合理的施测方式是海洋调查工作关键的一步,施测方法一般说来有四种。

1. 随机方法

随机调查是早期的一种调查方式,组成随机调查的测站(站点)是不固定的。这种调查大多是一次完成的,如著名的"挑战者号"1872—1876年的探险考察;或者各航次之间并无确定的联系,如现在由商船进行的大量随机辅助观测。虽然一次随机调查很难提供关于海洋中各种尺度过程的正确认识,但是大量的随机观测数据可以统计地给出大尺度(甚至中尺度过程)的有用信息。

2. 定点方法

测站固定的定点观测是至今仍大量采用的海洋调查方式。除了岸站的定点连续观测之外,早在20世纪30年代便有固定的断面调查(如日本人在日本近海和黄海、东海进行的长达数十年的断面观测)。定点调查通常采取测站阵列或固定断面的形式,或者每月一次或者根据特殊需要的时间施测,或进行一日一次的、多日的甚至长年的连续观测。定点海洋调查使得观测数据在时间、空间上分布比较合理,从而有利于提供各种尺度过程的认识,特别是多点同步观测和观测浮标阵列可以提供同一种时刻的海况分布,但由于海况险恶,采用定点调查的成本是相当昂贵的。

3. 走航方法

随着传感器和数据信息处理技术的现代化,走航施测成为可取的方式。根据预先计划合理的航线,使用单船或多船携带走航式传感器(如XBT、走航式温盐深仪、ADCP 等)采集海洋学数据,然后用现代数据信息处理方法加工,可以获得被测海区的海洋信息。走航施测方式耗资少、时间短、数据量大,是一种值得发展的低成本的调查方法,但技术水平要求较高。

4. 轨道扫描方法

航天和遥感技术的发展,现在已为海洋调查提供了一种崭新的施测方式——轨道扫描,利用海洋业务卫星或资源卫星上的海洋遥感设备(面式传感器)对全球海洋进行轨道扫描,大面积监测海洋中各种尺度过程的分布变化。这种方式几乎可以全天候提供局部海区的良好的天气数据信息,但是遥感技术在监测项目、观测准确度和空间分布等方面还有待进一步拓展和提高。

(五)数据信息处理

随着海洋技术的发展,海洋数据和信息的数量、种类的猛增,如何科学地处理这些数据和信息已成为一个重要课题。数据信息处理技术的发展,反过来也促进了传感器和施测方式的改进。例如,良好的数据信息处理技术可以补偿观测手段的不足或者向新的观测手段提出各种要求。数据信息处理技术大致可分为四种:

1. 初级数据处理

海洋调查的初级信息处理是将最初始的观测读数订正为正确数值,例如颠倒温度表和海流的读数订正等等。另外,某些传感器提供的某些海洋特征连续模拟量,也应将它们按需要转化为数字资料。初级数据处理是对第一手资料的处理,因此也是最基础的工作。

2. 进一步的数据处理

这是指对初级处理完毕的数据做进一步处理,如空缺数据的填补、各种统计参数的计算、延伸的资料的求取(例如,从水温、盐度计算密度、比容、声速,从特征量的垂直分布来求取跃层的各项特征值等)。最后,要求将各种海洋调查数据整理到能直接提供用户使用的程度,进一步还将要求使之文件化,以便存放在海洋数据信息中心的数据库中,供用户随时查询索取。

3. 初级信息的处理

初级信息的处理,其目的是从观测值或计算出来的延伸资料中提取初步的海洋学信息。一般是将有关的海洋学特征变量样本以恰当的方式构成该特征变量直观的时间、空间分布,即给出对海洋特征场的描述,如根据水温、盐度等的离散值用空间插值方法绘制水温和盐度的大面、断面分布图或过程曲线图等。在海洋遥感系统中,将传感器发送回来的代码还原成图像而不做进一步处理,也属于初级信息处理的范畴。

4. 进一步的信息处理

其目的是从处理后的数据中或经初级信息处理的信息中,提取进一步的海洋信息,如根据水温、盐度的实况分布可以用恰当的方式估计出水团界面的分布(锋)。对海流数据和上述实况的恰当分析处理还可得出被测区的环流模型。在遥感系统中的电子光学解译技术(如假彩色密度分割等)、计算机解译技术(如图像增加,自动分类识别等),也都属于进一步的信息处理。

三、海洋环境调查的意义

我们人类的脚步可以走多远?上可以到九天揽月,下可以到五洋捉鳖。浩瀚的宇宙固然非常广阔,但是浩瀚的大海也是气势磅礴。为什么要探索海洋?

人类进入 21 世纪面临着三大难题,第一是人口膨胀问题,全球现已有超过 70 亿的人口;第二是资源短缺问题;第三个是环境恶化问题。面对这三大难题,我们的出路在哪里?答案就是,我们要向海洋拓展活动空间,向海洋要资源。因为海洋是人类资源的宝库,地球是个蓝色的水球,海洋面积占了 70.8%。我们每个人都是地球资源的消费者,有一个统计,每个人自出生以来,一生大概需要消耗 1 000 多 t 矿产资源。这乘以全球 70 多亿人口,就需要消耗非常非常多的资源,而这些资源总有一天要开采完。然而,海洋基本上是一片没有开发的处女地,充满了未知。

我们科学家经过调查的海底,到目前只完成了 5%,还有 95%没有下去看过,对其一无所知。所以从这个意义上来看,我们需要探索海洋。

但下海的难度其实一点都不亚于上天。深海由于巨厚的水体和海水对光线的吸收作用,探索难度非常大。打个比方说,在海底打一个手电筒可能只能看到周围几个平方米。还有就是海洋的平均深度有 3 800 多 m,任何探测设备要到海底去探测,必须要高度密封,不然海水渗漏,很多用电的元器件就瞬间报废了。

所以,海洋的深海技术和航天技术一样都属于尖端技术。

以海底矿产资源为例,海洋里面有许多矿产资源,首先在大陆边缘比较靠近陆地的地方,1 000 m 水深范围以内就能够找到天然气水合物资源,俗称可燃冰;然后到大海深海盆地里去四五千米深的地方,能够看到多金属结核,它各种金属含量非常高,主要是铁、汞、铜、镍这些金属元素。我们所关心的不仅仅是采矿这么简单的一个问题,这更是我们宣誓我们国家的存在、维护我们国家海洋权益的一个重要方式。大家知道每个国家,特别是沿海国家都有自己的管辖海域,这叫大陆架经济区。我国除了有 960 万 km² 的陆地面积以外,还有 300 km² 的管辖海域。管辖海域范围以外都是公海,公海下面的就是国际海底区域,国际海底区域里面的资源都是属于全人类共同继承的财产,人人都有份。那么这个财产是谁管辖的?是由联合国国际海底管理局管辖的。我们可以自由地去做科学研究,可以去调查。国际海底管理局有相应的一些探矿的规章,我们根据它的规章去探矿,找到了矿就可以向国际海底管理局提出矿权的申请。然后我们就可以在某一天条件成熟的时候去开采了,这是属于中国人的一种权益。到目前为止我们国家已经在国际海地区申请了 4 个矿区,其中 3 个矿区都是以中国大洋协会的名义申请的。我们国家在东太平洋圈了一块 7.5 万 km^2 的矿。7.5 万 km^2 是什么概念?它就相当于我们国家的渤海那么大。我们现在还在继续调查,期望着在不远的将来能为国家找到更多的矿、圈更多的地,这就是所谓的"蓝色圈地运动"。此外,我们可以给这些海底实体命名,按照标准化和规范化的要求,给它取一个非常中国化的名字,打上中国的烙印,这也是非常有意义的一件事情。在海上做这些科学考察工作是一件非常浪漫的事情,你看到的是蓝天白云,晚上的话能看到满天繁星。你可以有一颗非常纯净的心,在海洋里面调查和工作。

探索海洋是我们人类永恒的使命。第一,海洋占了地球的三分之二,调查利用深海资源是我们整个经济社会持续发展的需要,也是我们国家建设海洋强国的必然选择,我们绝不能忽略这么一大片海;第二,探索海洋是比较辛苦的,但也非常有乐趣,我们能够欣赏到城市里面欣赏不到的美景;第三,我们去调查采样、去做研究,能够采集到来自地球深部的岩石样品,能够穿越地球的整个历史空间来洞察地球内部的奥秘,看看里面都发生了什么。我想,探索海洋,这是非常有趣的一件事情,也是一份非常值得投入的工作。

第二节　海洋环境监测

在众多的权威分析报告中,都有这样一个共同的结论:21 世纪人类面临的三大难题是人口、资源和环境。解决这些问题的出路之一在海洋,因而,有人把 21 世纪称作"海洋的世纪"。经济要发展,环境要保护,这也是我国海洋环境监测今天乃至下个世纪需要面对和认真研究的课题。水是人类社会的宝贵资源,分布于海洋、江、河、湖和地下水及冰川共同构成的地球水圈中。估计地球上存在的总水量中海水占 97.3%,淡水仅占 2.7%。水是人类赖以生存的主要物质之一,随着世界人口的增长和工农业生产的发展,用水量也在日益增加。我国属于贫水国家,人均占有淡水资源量仅有 $2\,700\ m^2$,低于世界上多数国家。

人类的生活和生产活动将大量未经处理的生活污水、工业废水、农业会流水及其他废弃物直接排入环境水体,造成海洋污染、水质污染。水质污染分为化学性污染、生物性污染和物理性污染三种主要类型。化学性污染系指随废水及其他污染物排入水体的无机和有机污染物造成的水体污染。生物性污染指随医院污水、生活污水等排入水体的病原微生物造成的污染。物理性污染指排入水体的有色物质、放射性物质、高于常温的物质、悬浮固体造成的污染。

海洋环境监测是海洋环境保护的"耳目"和"尺子",是一切海洋工作的基础。

一、海洋环境监测的概念

海洋环境监测的涵盖面很广,它既包括传统的一些海洋观测,又包括近几十年来所进行的海洋环境污染监测或称海洋环境质量监测。我们这里所说的海洋环境监测主要指海洋环境质量监测。

海洋环境监测的对象可分为三大类,即:(1)造成海洋环境污染和破坏的污染源所排放的各种污染物质或能量;(2)海洋环境要素的各种参数和变量;(3)海洋环境污染和破坏所产生的影响。

根据其目的、对象和手段等,海洋环境监测可定义为:在设计好的时间和空间内,使用统一的、可比的采样和监测手段,获取海洋环境质量要素和陆源性入海物质资料,以阐明其时空分布、变化规律及其与海洋开发利用和保护关系之全过程。简单地说,就是用科学的方法监测代表海洋环境质量及其发展变化趋势的各种数据的全过程。

二、海洋环境监测的意义和作用

海洋环境监测的基本目的是全面、及时、准确掌握人类活动对海洋环境影响的水平、效应及趋势。其在海洋环境保护工作中的基础性地位和重要作用至少表现在以下方面:一是检验海洋环境政策效果的标尺,为各级政府制定海洋环境政策提供基本依据;二是政府监督管理海洋环境的基本手段,为海洋环境执法提供技术监督;三是海洋经济建设的基本保障,为海洋产业开发提供技术服务,是沿海人民群众生活的基础,为人类海上活动安全提供环境信息服务;四是预防赤潮等海洋环境灾害及海洋污染事故防治的基础性工作,为减灾防灾提供服务。

海洋环境监测是监督管理海洋环境的重要手段,是海洋环境保护监督管理的基础和技术保障,是海洋环境管理执法体系的基本组成部分。通过监测,可以掌握海域中污染物的种类数量和浓度、污染物在海洋环境中的迁移转化规律,据此提出防治污染的技术和措施,为实现海洋环境保护监督管理科学化、定量化奠定基础。

海洋环境监测又是海洋环境科学研究的重要组成部分。海洋环境监测数据及信息产品具有真实性和客观性,能够确切地反映海洋环境质量状况或污染程度,可为海洋环境科学研究提供可靠的环境信息。例如,1985—1987 年开展的"2000 年中国近海环境污染预测与对策研究",是在对我国近海环境污染现状调查的基础上,根据国家和沿海地区经济社会发展规划,研究影响中国近海环境的主要因子与近海环境质量之间的关系及发展变化规律,从而科学地预测到 2000 年中国近海环境污染状况,并提出了相应的防治污染措施和管理对策。

三、海洋环境监测管理机构及其职责

海洋环境监测是对全国海洋环境保护实施统一监督管理的一项重要的工作,在海洋环境保护工作中具有重要的地位和作用。因此,有必要统一海洋环境监测制度,建立组织统一的海洋环境监测机构和网络,制定海洋环境监测的统一法律规范。我国于 1999 年 12 月修订的《海洋环境保护法》不仅在总则中做了国家海洋行政主管部门负责组织海洋环境的调查、监测、监视的规定,而且还在第十四条中增加了对海洋环境监测的具体规定:国家海洋行政主管部门按照国家环境监测、监视规范和标准管理全国海洋环境的调查、监测、监视,制定具体的实施办法,会同有关部门组织全国海洋环境监测、监视网络的建设,定期评价海洋环境质量,发布海洋监视通报。依照本法规定,各级海洋环境监督管理部门要分别负责各自所辖水域的监测、监视,其他有关部门根据全国海洋环境监测网的分工,分别负责对入海河口、主要排污口的监测。以上规定不仅统一了海洋环境监测的管理机构体制,而且也分别明确了各自的职责,具有很强的可操作性,体现在以下几个方面。

(1)国家海洋行政主管部门对海洋环境监测的管理工作,必须严格按照国家环境监测规范与标准尤其是国家海洋环境监测规范与标准进行。《海洋环境保护法》赋予了国家海洋行政主管部门制定海洋环境监测规范和标准的职权,按照《中华人民共和国环境保护法》的规定,海洋环境监测规范和标准应由国务院环境保护主管部门统一制定。

(2)国家海洋行政主管部门管理海洋环境监测的工作,必须建立严格的工作规程,按章办事。需要按照国家海洋环境监测规范和标准制定具体的实施办法,建立全国统一的海洋环境监测网。我国海洋环境监测网成立于 1984 年 5 月,是由国家海洋局负责组织沿海省、自治区、直辖市、国务院有关部门和海军等有关单位参加的全国性海洋环境监测的业务协作组织,是全国环境监测网的组成部分。全国海洋环境监测网实行分工负责制:国家海洋局负责海上污染监测工作,提供海洋污染事故通报和信息;沿海省、自治区和直辖市环境保护部门负责沿岸海域、

入海口及直接入海排污口的污染监测工作,并统计排入海洋的陆源污染物种类和数量;水电部负责长江、黄河、珠江和海河等入海河口的污染监测工作;交通部负责所属港区水域船舶和港口排污的调查;渔政部门负责渔港水域的污染监测以及渔船和渔港排污与污染水产资源影响的调查;军队负责军港水域的监测、军用船舶和军港排污的调查。另外,为了加强对近岸海域环境管理,弥补全国海洋环境监测对近岸海域环境监测的不足,1994 年由国家环境保护总局组建成立了中国近岸海域环境监测网,其主要任务是负责对近岸海域和国家重点保护海域的环境监测,开展近岸海域环境综合调查,对近岸海域和重点保护海域的环境质量进行评价,为保护和改善海洋环境提供科学依据。

(3) 国家海洋行政主管部门有权利也有义务会同环保、海事、渔业和军队等有关部门组织全国海洋环境监测网络,但不排除各有关部门具有建立各自监测系统和网络的权利。

(4) 国家海洋行政主管部门有责任定期评价海洋环境质量,为行使海洋环境监督管理权部门的执法管理工作和海洋产业部门的海洋环保工作提供客观依据。

(5) 各海洋环境监督管理部门的海洋环境监测职责是依照《海洋环境保护法》的规定,行使海洋环境监督管理权。海洋环境监督管理部门在国家一级由国务院环境保护行政主管部门(国家环保总局)、国家海洋行政主管部门(国家海洋局)、国家海事行政主管部门、交通部海事局、国家渔业行政主管部门(农业部渔业局)和海军环保部门组成,在地方一级则由沿海县级以上人民政府的环保部门、海洋部门、渔业部门、港口海事局和驻军环保部门组成。

目前,全国已形成国家、省、市、县四级环境监测网络,共有专业、行业监测站4 800 多个,其中环保系统 2 200 多个监测站,行业监测站 2 600 多个。开展海洋环境监测的有 300 多个,主要隶属于国家海洋局、海军、地方省市。海洋监测体系如图 6-2 所示。

四、我国海洋环境监测存在的问题

我国海洋环境监测工作与国外发达国家之间仍存在一定的差距,主要体现在对多部门监测能力的整合不够、高精度和长期监测仪器设备能力不足、监测运行经费存在一定缺口、监测工作仅为常规海洋监测内容、信息处理及产品开发与服务水平有待提高等方面。同时,随着经济和社会的不断发展,海洋监测工作也逐渐显现出一些与经济社会发展不相适应的问题,体现在组织管理体制、技术方法标准、人员队伍素质和服务水平能力等诸多方面,存在监测能力有限,监测信息来源少、数据分散,尚不具备远程、大面积的自动化监测系统等不足。

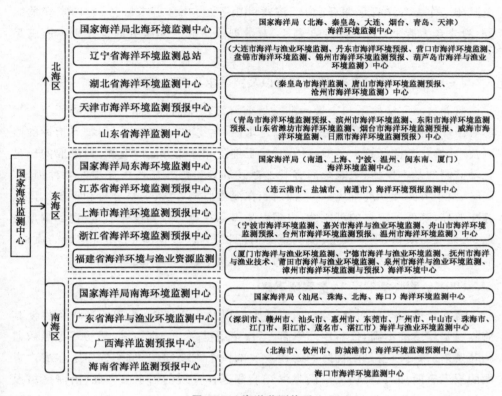

图 6 - 2 海洋监测体系

（一）管理体制的局限

目前,我国涉及海洋监测的部门、单位、机构较多,各部门从监测计划的制订、监测任务的设置到监测资料的使用均按照分块模式和各自的需求由各部门自行组织实施。部门间缺乏有机联络和合作,造成重复建设、资金分散,甚至相互制约,无法充分发挥已有监测能力和合理配置资源。多种监测手段未能完全发挥作用,使用的监测方法和评价方法不统一,降低了所获资料的兼容性,难以充分发挥海洋环境监测在保护海洋环境、促进经济发展、保障人民健康等各个方面的作用。

（二）监测系统整体设计需要进一步优化

我国海洋环境监测的内容和数据在利用方面存在着不适用性。一是为监测而监测、单纯为科学研究积累资料而监测,这是海洋环境监测实际工作中存在的一个误区,影响了对海洋环境监测的任务、内容、站点布局等进行合理设计。二是目的不清晰,一定程度上造成了在监测内容、对象、区域、种类、方法、手段及设计上与实际需求脱节,重复建设、资源浪费与关键监测资料短缺现象并存,与海洋环境监测工作为海洋管理服务、为经济建设服务、为社会需求服务、为国家安危服务、为公众生活服务的目标存在差距,对数据管理和产品服务的设计也不能满足实际需求。

(三)方法体系不健全,监测质量以及技术水平有待提高

监测技术方法体系和质量标准是目前海洋环境监测工作中的薄弱环节。当前海洋环境监测依据的主要技术体系是水体、生物和沉积物中污染物或指标的监测技术,属化学监测技术类型,尽管开展了细菌和赤潮方面的监测,但采取的也是化学监测的基本模式,未能全面客观地阐述和评价海洋环境中存在的各种因子。同时,由于方法和标准不统一,各部门间在海洋监测方法、资料分析和评价结论上存在差异,降低了资料的可比性,也难以与国际接轨。监测设计质量、现场测量质量、仪器设备质量、采样质量、实验室分析测试质量、数据质量、评价模型的质量、数据产品加工质量及服务质量等在内的监测质量管理体系尚未健全。

(四)监测装备不足、人员素质不高

海洋环境监测的对象是海水、海洋大气以及海洋地质,恶劣的环境条件使其监测设备建造成本高,仪器损坏率高,运行费用也高。长期以来,经费不足导致监测装备落后,这一直是困扰监测工作发展的一个主要问题,虽然近年来在海洋方面的投入有所加大,但仍无法满足海洋监测工作发展的需求。因此,沿海区域及毗邻海域海洋环境监测范围多集中于近海局部区域,从而造成其监测能力有限、监测信息来源少、数据分散,尚不具备远程、大面积的自动化监测系统。与此同时,工作条件艰苦,待遇也相对低下。

五、海洋环境监测工作发展的主要对策

(一)加强法制建设,健全海洋环境监测行政管理体制

加强法制建设,健全海洋环境监测行政管理体制是贯彻落实国务院赋予国家海洋局"管理海洋环境监测的调查、监测、监视和评价"职责,以及进一步做好《海洋环境保护法》授权国家海洋管理部门"负责组织海洋环境调查、监测、监视和开展科学研究"的重要举措,也是强化海洋环境监测工作、规范监测行为、建立良好的监测秩序的基础。国家海洋局要依法强化对全国海洋环境监测的统一监督管理,主要体现在宏观指导、依法监督、规范协调、有效服务几个方面。各省市区海洋厅局要在国家海洋局的指导下对本辖区的海洋环境监测实施统一监督管理。国家海洋局和各地方厅局在监测管理上要层次明晰,协调一致,互相衔接,互为呼应,保证监测管理工作的统一性、整体性和系统性,形成全国海洋环境监测行政管

理体制的核心。在此基础上,还要努力搞好与环境保护部门和有关涉海部门的职责协调,形成管理海洋环境监测的强大合力。要尽快组织制定和颁布实施《海洋环境监测管理规定》以及海洋监测资格认证制度、海洋监测人员持证上岗制度、海洋监测报告制度、海洋环境信息发布与管理制度、海洋环境监测有偿服务制度。

(二) 不断提高科学监测水平和人员素质

在海洋环境监测管理科学研究方面,应重点开展我国海洋环境监测发展战略、方针、政策研究,提出符合我国国情的海洋环境监测技术路线。在海洋环境监测技术研究方面,应重点开展海洋功能区监测技术、海洋生态监测技术、赤潮监测技术、海洋大气监测技术、海域污染物总量控制技术、污染源监测技术研究;开展以 COD、BOD5(生化需氧量)、营养盐、油为主要指标的自动监测仪器以及便携式现场监测仪器的研制或引进、开发;要特别重视应急监测技术的研究开发;抓紧遥感技术监视监测海洋环境的应用研究。在海洋环境监测标准、规范研究方面,着重开展"海洋底质标准""海洋生物有害物质残留量标准"研究,开展"海洋重点控制有害有毒污染物黑名单"筛选研究,开展以海洋功能区评价为核心的新的海洋环境评价体系研究。各级海洋主管部门要制订人才培训计划,分期分批完成对海洋环境监测业务机构管理干部、技术骨干的技术培训。争取在 5 年左右的时间内,实现海洋环境监测人员全员持证上岗。

(三) 不断拓宽监测工作领域

新时期我国海洋环境监测面临着新的机遇和挑战,沿海社会经济发展的需求要求海洋环境监测工作要有一个大的发展[①]。因此,海洋环境监测工作必须本着"为经济发展服务,为群众生活服务,为国防军事服务及为行政管理服务"的原则,重点推进与海洋生态保护有关的生物监测和赤潮监测,与人体健康相关的毒性与毒素监测以及生活娱乐环境监测,与海洋开发利用相关的海域功能区监测等。

(四) 继续加强质量控制和管理

要进一步建立健全各级质量管理组织,建立健全各种质量控制制度。各级监测机构及相应的主管部门要强化质量意识,加强质量控制和质量管理。国家海洋环境监测中心要将质量控制与质量管理工作制度化、业务化,纳入全国海洋环境监测方案之中;各海区要将质量控制与质量管理工作经常化,进一步推进海区各级监测机构的质量保证工作;沿海省市的海洋环境监测质量控制工作必须纳入全

① 马春生,潘红,周洪英,等.发展海洋环境监测的意义和作用[J].科技创新导报,2010(2):123-124.

国的海洋环境监测质量保证与控制系统之内,统一标准,统一要求;加强技术培训,提高从业人员的技术水平和质量意识。

(五) 有效提高监测信息的服务效能

根据不同的服务目的、不同的服务对象形成不同形式的监测信息产品、满足不同用户的需要是监测工作的基本要求。今后一个时期,重点要解决监测信息传递的及时性和监测信息产品的针对性。监测信息的传输是解决监测服务及时性的关键,也是保障监测业务系统顺畅运行的重要环节。目前,监测信息的传输手段落后、时效性差,必须尽快改善,要充分利用高科技手段,建立起全国海洋环境监测信息传输网,并与国家环境信息网联网。在此基础上,要尽早实现与 GEMS 信息中心联网,以便获得全球其他海区的监测数据,提高我国海洋环境监测数据的国际可比性。要建立海洋环境质量报告会制度,国家海洋局应每年组织一次全国海洋环境质量报告会,并通过新闻媒体不定期地向社会发布海洋环境质量信息,提高公众的海洋环保意识,同时也提高海洋环境保护和海洋环境监测工作的显示度。各省市区海洋厅局也应定期召开海洋环境质量分析会,通过当地新闻媒体发布海洋环境信息,每年还应至少一次向地方政府和有关部门报告本地区的海洋环境质量状况。

(六) 建设新的海洋环境监测网

根据目前我国海洋环境监测业务机构的现状,海洋环境监测网的建设应该以国家海洋局直属海洋环境监测系统和地方海洋环境监测系统为主体,同时吸收环保、交通、渔业、水利、石油、海军等部门的有关监测机构,构建起一个中央与地方、中央各有关部门合理分工、密切配合、运转高效的全国海洋环境监测网络。同时,各沿海省市也应该以辖区内各地市、县市的海洋环境中心,国家海洋局直属监测中心站与监测站为基础,吸收各涉海部门的监测力量,组建本省市的海洋环境监测网络。

第三节　海洋环境评价

海洋环境评价是一项多学科、综合性的技术工作,既涉及自然科学的基础理论,又涉及应用技术的开发。海洋环境评价包括海洋环境资源评价(功能评价)、海洋环境质量评价、海洋环境影响评价。

一、海洋环境资源评价

海洋环境资源评价即海洋功能评价。海洋功能是指某海域在自然状态下或目前状态下海洋所具有的本底功能,是海域适用于各种海洋开发和使用需求的、先天的条件和能力。也就是说海洋功能系指海洋不同区域的自然资源条件、环境状况和地理区位,并考虑海洋开发利用现状和社会经济发展需求等[①]。

为了提高海洋资源的社会、经济和环境的整体效益,促进海洋经济可持续发展,科学合理地安排各功能区域的资源开发与环境保护,我们有必要对海洋功能进行科学、客观的定量评价,以便为沿海各级政府合理开发利用海洋资源,发展海洋经济以及在海洋规划、海域管理、资源开发与保护等方面提供科学的决策依据。

海洋功能区划、海洋有偿使用、海洋管理、海洋规划等工作都不可避免地涉及海洋功能的科学、客观、定量的评价问题。

海洋功能评价的总体框架如图 6 - 3 所示。

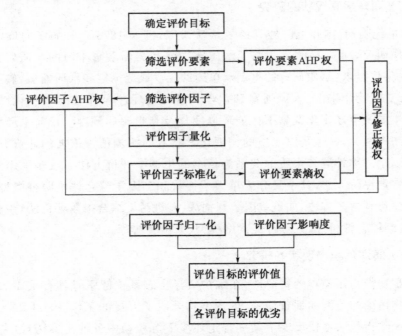

图 6 - 3 海洋功能评价的总体框架

---

① 费宏达,李明阳.我国海域使用权转让法律制度的若干思考[J].知与行,2016(03):30 - 33.

二、海洋环境质量评价

海洋环境质量现状评价是指按照一定的评价标准和评价方法,对目前的海洋环境质量状况进行量化分析,反映的是海洋环境质量现状。海洋环境质量现状评价因对象不同、要求不同、目的不同、方法不同,评价的内容也不同。以下主要概述水文动力、水质、沉积物、生物和生态等环境要素的研究情况。

(一) 海洋水文动力现状的研究

早期的海洋环境水动力研究主要通过观测与实验手段,运用投放漂流瓶、漂流浮标等,用拉格朗日方法描绘质点漂流迹线。近30年来,随着电子计算机的飞速发展,海洋环流和扩散的数值模拟研究有了长足的发展。海洋工作者通过观测与实验、数值模拟的技术方法,在水动力、泥沙输移、海流和扩散等方面开展了大量的研究。

(二) 海洋水质现状的研究

19世纪晚期,国际上已经开始了水质研究,例如1875年开始了对欧洲莱茵河的水质研究,1890年前后开始了法国塞纳河和英国泰晤士河的水质研究。20世纪80年代以来,水质研究的重点从单纯的化学成分测定和水质监测,转移到水体化学组成、物质来源、入海通量和化学元素的循环过程研究。90年代以来,研究重点主要是全球变化背景下区域环境变化及其影响的预测。目前水环境质量评价方法有两类,一类是以水质的物理化学参数的实测值为依据的评价方法;另一类是以水生物种群与水质的关系为依据的生物学评价方法。较多采用的是物理化学参数评价方法,其中又分为单因子评价和多因子综合评价两种类型,多因子综合评价有很多方法,如最差因子判别法、有机污染综合指数评价法、主分量分析法、模糊综合评价法、人工神经网络模型、遗传算法等。

(三) 海洋沉积物现状的研究

沉积物作为污染物的集散地,在维护海洋生态系统健康时具有重要的地位。对沉积物污染的监测和评价研究,国内外均开展了大量的工作。Hakanson提出的生态风险指数法不仅反映了某一特定环境下沉积物中各种污染物对环境的影响,反映了环境中多种污染物的综合效应,而且用定量方法划分出了潜在生态风险程度。[1] 生态风险指数法是沉积物质量评价中应用最广泛的方法之一。目前,

---

[1] Hakanson L. An ecological risk index for aquatic pollution control: a sedimentological approach. Water Research, 1980(14): 975 – 1 001.

国内的沉积物质量评价主要采取污染物化学浓度和生物急性毒性实验结合的方法。应用生态指数法对沉积物污染进行评价的报道多集中于重金属污染。

（四）海洋生物与生态现状的研究

生物与生态现状评价一般对生态因子、生态系统的整体质量，以及生态系统的服务功能进行评价。常用的评价方法有图形叠置法、系统分析法、生态机理分析法、质量指标法等。

三、海洋环境影响评价

海洋是一个开放的、复杂的多功能耦合系统，相对于陆地环境，海洋环境具有其特殊性：全球海洋连通和区域分异性，海水物理化学性质的特异性，海洋生态系统的庞杂耦合性，海水运动形态效应的复杂性，海洋大系统的多方位开放性，海洋环境功能多层次重叠性，海洋资源的时间空间变动性等。这些特性决定了海洋污染具有复杂性、持续时间长、扩散范围广、防治难和危害大等诸多特点，进而决定了海洋环境影响评价的特殊性。同时，涉海工程对海洋环境的影响与地表水、气象、噪声和固体废弃物等其他介质的环境影响相比，具有显著的综合性和复合性的特点。涉海项目对海洋环境的影响不仅体现在海水水质和海洋沉积物污染方面，也体现在海洋水文动力环境、海洋地形地貌与冲淤环境和海洋生态环境等方面。

海洋环境影响评价，是指对海域的规划和建设项目实施后可能造成的环境影响进行科学分析、预测和评估，提出预防或者减轻不良环境影响的对策和措施，进行跟踪监测的方法与制度。海洋环境影响评价是海洋环境保护工作的一个重要工作环节。海洋环境保护涉及生态保护及海洋自然保护区、陆源污染物排放、海岸及海洋工程建设、倾废、船舶活动等方面。海洋环境影响评价不是针对全部海洋环境保护工作，仅仅是针对规划和建设项目实施后可能对环境造成较大影响的工作进行的。对环境影响很小的建设项目，如海底电缆系统建设，可不进行环境影响评价工作，但需要填报环境影响登记表。通过环境影响评价确认环境容量不许可或经济损益分析后不合适，可否定该建设项目。因此，海洋环境影响评价对于保护和改善海洋环境、防止污染损害、维护生态平衡、保障人民身体健康具有重要的意义。与此对应的是，建设项目对海洋环境可能造成影响的分析、预测和评估，环境保护措施及其技术、经济论证，对环境影响的经济损益分析及实施环境监测的建议成为环境影响评价的主要内容。

海洋环境影响评价分为海洋区域环境影响评价和海洋工程环境影响评价。

（一）海洋区域环境影响评价

这是对某一海域,特别是对邻近大的工业城市或海洋开发程度比较高的海域或海湾,一般在经过了一段时间的开发和利用后,为了摸清海域的环境质量状况而进行的评价。例如,大连湾的环境质量评价等。海洋区域环境影响评价的目的是通过区域开发活动环境影响评价以完善区域开发活动规划,保证区域开发的可持续发展。

区域环境影响评价的基本内容包括:区域环境现状调查与评价;区域总体发展规划;环境问题的识别和筛选;区域环境影响分析;环境保护综合对策研究。如图 6-4 所示。

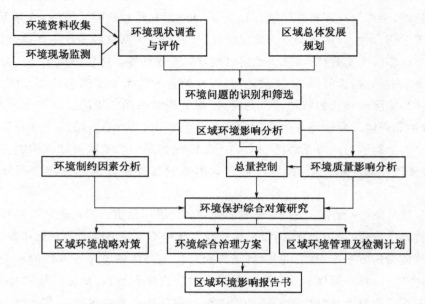

图 6-4　海洋区域环境影响评价总体框架

（二）海洋工程环境影响评价

海洋工程是指工程主体或者工程主要作业活动位于海岸线向海一侧,或者需要借助、改变海洋环境条件实现工程功能,或其产生的环境影响主要作用于海洋环境的新建、改建、扩建工程。依照海水综合利用工程建设项目的具体类型及其对海洋环境可能产生的影响,建设项目环境影响评价内容包括海洋水动力、海洋水质、海洋沉积物、海洋生态及海洋地形地貌与冲淤等。

我国《海洋环境保护法》第四十七条规定,由海洋环境行政主管部门核准海洋环境影响报告书,并报环境保护行政主管部门备案,接受环境行政主管部门监督。

但海岸工程建设项目的环境影响报告书仍由环境保护行政主管部门审查批准。可见,在我国海洋环评的最终管理权限还是属于环境保护部门的。为加强海洋工程环境影响评价管理,根据《海洋环境保护法》《中华人民共和国环境影响评价法》及《防治海洋工程建设项目污染损害海洋环境管理条例》等有关法律法规的规定,国家海洋局于2008年7月制定了《海洋工程环境影响评价管理规定》。

由于涉海工程类型众多,各类工程的特点不同,本书选择围海、填海工程,火力发电厂建设工程,海洋石油勘探开发工程,航道建设工程,港口建设工程等对海洋环境(水文动力、水质、沉积物、生态等环境)产生的影响予以重点介绍。这几类工程经验积累丰富,规范成熟,对其他涉海工程有很好的示范作用和借鉴意义。

1. 围海、填海工程

围海、填海工程改变了海域的自然属性,对环境可能造成的影响主要体现在以下几个方面:

(1) 对海洋水文动力环境的影响:可能会改变区域的潮流运动特性,引起泥沙冲淤,对防洪和航运造成影响。有的围海填海海岸工程会改变海岸的结构,减少海湾的纳潮量,影响潮差、水流和海浪。

(2) 对海洋水质和沉积物环境的影响:填海过程因扰动海床淤泥造成悬浮物浓度增加;工程后可能引起污染物迁移规律的变化,减小水环境容量和污染物扩散能力,并加快污染物在海底积聚。

(3) 对海洋生态环境的影响:对围填区湿地资源和滩涂资源的破坏;填海过程悬浮颗粒物增加,导致海水变浑浊,透明度降低,影响海洋浮游植物光合作用,降低海洋初级生产力;还可能影响海洋动物的洄游、产卵、繁殖、索饵等。

2. 火力发电厂建设

电厂建设对海洋环境可能造成的影响主要体现在以下几个方面:

(1) 对海洋水文动力环境的影响:干扰水体流场,取、排水口对局部流态的影响,对海域悬沙分布及海床演变过程的影响。

(2) 对海洋水质和沉积物环境的影响:温排水使水域温度升高,造成溶解氧的溶解度降低;冷却水中的氯排海后产生一系列的化学反应,与水中的一些无机物和有机物发生反应后会产生有毒化合物;以及电厂灰水排放的影响。

(3) 对海洋生态环境的影响:对围填区湿地资源和滩涂资源的破坏;电厂温排水对水生生物种群结构、生长与繁殖等活动的影响,升温水域超过水域中鱼类、养殖生物的适应范围,会引起生物代谢的异常甚至死亡;还可能影响赤潮发生。

3. 海洋石油勘探开发

海洋石油勘探开发工程对海洋环境可能造成的影响主要体现在以下几个

方面：

（1）对海洋水文动力环境的影响：对局部流场以及海床演变过程的影响。

（2）对海洋水质环境的影响：石油勘探工程中的水中爆破会影响水环境的浊度、悬浮物和无机氮；石油勘探开发、污染船舶的排污也会对海水和底质产生影响。

（3）对海洋生态环境的影响：浊度和悬浮物可影响生物的呼吸发育，减少动物饵料。水中爆破产生的声压波对海洋生物有一定的影响，如果在某一海区长期持续进行水下爆破，将影响洄游性鱼虾的习性，造成作业区域渔业资源的匮乏；石油类污染对海洋生物的毒性影响。

4. 航道建设工程

航道建设所采取的工程措施主要包括筑坝、疏浚、护岸、炸礁、渠化等，航道工程对环境可能造成的影响主要体现在以下几个方面：

（1）对海洋水文动力环境的影响：对水动力环境和流态、河床形态有一定的影响。

（2）对海洋水质和沉积物环境的影响：航道整治水下疏浚、炸礁、清渣，或裁弯取直施工是导致悬浮物超标的主要原因，还有施工船舶油污水和生活污水的影响。

（3）对海洋生态环境的影响：航道疏浚悬浮物对海洋生态的影响；水下炸礁产生的冲击波，对水生生物尤其是渔业水产资源会产生一定的扰动；航道整治完成后，船舶航行时机械和汽笛产生的噪声对海洋生物也有一定的影响。

5. 港口建设工程

港口建设工程对环境可能造成的影响主要体现在以下几个方面：

（1）对海洋水文动力环境的影响：围填海和航道开挖疏浚，对局部流场流态、泥沙冲淤的影响。

（2）对海洋水质和沉积物环境的影响：围填海泥沙流失及航道开挖，造成悬浮物浓度增加，还有船舶油污水和生活污水的影响。

（3）对海洋生态环境的影响：围填海、航道和港池疏浚造成底栖生物、初级生产力的损失，污泥入海、污水排放对海洋生物资源的影响。

参考文献

[1] 曹世娟,黄硕琳,等.我国渔业水域环境保护面临的问题与对策探讨[J].福建水产,2002(1).

[2] 陈国生,叶向东.海洋资源可持续发展与对策[J].海洋开发与管理,2009(9).

[3] 陈清潮.中国海洋生物多样性的现状和展望[J].生物多样性,1997(2).

[4] 陈万灵,郭守前.海洋资源特性及其管理方式[J].湛江海洋大学学报,2002(2).

[5] 陈兴华.我国海洋自然保护区制度探析[J].柳州师专学报,2005(1).

[6] 崔凤,刘变叶.我国海洋自然保护区存在的主要问题及深层原因[J].中国海洋大学学报(社会科学版),2006(2).

[7] 崔旺来,文接力.基于政府视角的海洋人力资源培育[J].辽宁行政学院学报,2012(7).

[8] 范航清,何斌源.北仑河口的红树林及其生态恢复原则[J].广西科学,2001(3).

[9] 方平,王玉梅,孙昭宁,等.我国海洋资源现状与管理对策[J].海洋开发与管理,2010(3).

[10] 费宏达,李明阳.我国海域使用权转让法律制度的若干思考[J].知与行,2016(03).

[11] 郭皓,丁德文,林凤翱,等.近20a我国近海赤潮特点与发生规律[J].海洋科学进展,2015(4).

[12] 郭剑雄.强化船舶防污染管理[J].中国水运,1998(12).

[13] 郭树义.从船舶防污转向检查谈船舶防污管理的现状[J].中国水运(理论版),2007(8).

[14] 郭伟,朱大奎.深圳围海造地对海洋环境影响的分析[J].南京大学学报(自然科学版),2005(3).

[15] 郭院,吴莉婧,谢新英.中国海岛自然保护区法律制度初探[J].中国海洋大学学报(社会科学版),2005(3).

[16] 海洋发展战略研究所课题组.中国海洋发展报告[M].北京:海洋出版社,2011.

[17] 黄建道,黄小平,岳维忠.大型海藻体内 TN 和 TP 含量及其对近海环境修复的意义[J].台湾海峡,2005(3).

[18] 黄前坚.船员管理与船舶防污染[C].中国航海学会航标专业委员会沿海航标学组、无线电导航学组年会暨学术交流会论文集,2009.

[19] 黄硕琳,唐议.渔业法规与渔政管理[M].北京:中国农业出版社,2010.

[20] 贾晓平,李永振,李纯厚,等.南海专属经济区和大陆架渔业生态环境与渔业资源[M].北京:科学出版社,2004.

[21] 姜欢欢,等.我国海洋生态修复现状、存在的问题及展望[J].海洋开发与管理,2013(1).

[22] 蒋明康,蔡蕾,强胜,等.我国沿海典型自然保护区外来物种入侵调查[J].环境保护,2007(13).

[23] 蒋志刚,马克平,韩兴国.保护生物学[M].杭州:浙江科学技术出版社,1999.

[24] 金永明.论海洋资源开发法律制度[J].海洋开发与管理,2005(6).

[25] 李彬,高艳.海洋产业人力资源的现状与开发研究[J].海洋湖沼通报,2011(1).

[26] 李洪远,鞠美庭.生态恢复的原理与实践[M].北京:化学工业出版社,2004.

[27] 李甲亮,王琳,任加国,等.污水人工湿地处理对滨海生态系统修复研究进展[J].地质灾害与环境保护,2005(3).

[28] 李萍,黄钟良.南澳岛退化草坡的植被恢复研究[J].热带地理,2007(1)

[29] 李双建,徐丛春.日本海洋规划的发展及我国借鉴[J].海洋开发与管理,2006(1).

[30] 李元超,黄晖,等.珊瑚礁生态修复研究进展[J].生态学报,2008(10).

[31] 联合国海洋法公约[M].北京:海洋出版社,1992.

[32] 廖连招.厦门无居民海岛猴屿生态修复研究与实践[J].亚热带资源与环境学报,2007(2).

[33] 林贞贤,汝少国,杨宇峰.大型海藻对富营养化海湾生物修复的研究进展[J].海洋湖沼通报,2006(4).

[34] 刘成武,等.自然资源概论[M].北京:科学出版社,2001.

[35] 刘荣成,洪志猛,叶功富,等.泉州湾洛阳江滨海湿地的生态恢复与重建对策[J].福建林业科技,2004(3).

[36] 吕建华.中国东海区海洋倾废管理问题与对策研究[C].全国环境资源法学研究会,2011.

[37] 罗建中,盘秀珍,李德恭,等.船舶废弃物的污染控制和管理措施研究[J].船舶,2002(3).

[38] 罗英.简论船舶对海洋的污染及防治[J].浙江国际海运职业技术学院学报,2006(1).

[39] 马程琳,邹记兴.我国的海洋生物多样性及其保护[J].海洋湖沼通报,2003(2).

[40] 马春生,潘红,周洪英,等.发展海洋环境监测的意义和作用[J].科技创新导报,2010(2).

[41] 潘爱珍,苗振清.我国海洋教育发展与海洋人才培养研究[J].浙江海洋学院学报(人文科学版),2009(2).

[42] 庞立佳,刘超,赵莉.我国海洋人力资源及海洋高等教育现状的分析[J].管理观察,2014(13).

[43] 彭逸生,周炎武,等.红树林湿地恢复研究进展[J].生态学报,2008(2).

[44] 戚道孟.自然资源法[M].北京:中国方正出版社,2005.

[45] 任海,张倩媚,李萍,等.海岛退化生态系统的恢复[J].生态科学,2001(1).

[46] 帅学明,朱坚真.海洋综合管理概论[M].北京:经济科学出版社,2009.

[47] 宋国明.加拿大海洋资源与产业管理[J].国土资源情报,2010(2).

[48] 谭柏平.我国海洋资源保护法律制度研究[D].北京:中国人民大学,2007.

[49] 万方浩,郭建英,王德辉.中国外来入侵生物的危害与管理对策[J].生物多样性,2002(1).

[50] 王淼,段志霞.中国海洋渔业生态环境现状及保护对策[J].河北渔业,2007(9).

[51] 王淼,胡本强,辛万光,等.中国海洋环境污染的现状、成因与治理[J].中国海洋大学学报,2006(5).

[52] 王艳香.海洋自然保护区建设与管理问题探讨[J].海洋开发与管理,1998(4).

[53] 王颖,吴小根.海平面上升与海滩侵蚀[J].地理学报,1995(2).

[54] 文艳,倪国江.澳大利亚海洋产业发展战略及对中国的启示[J].中国渔业经济,2008(1).

[55] 夏章英,等.海洋环境管理[M].北京:海洋出版社,2014.

[56] 夏章英.渔政管理学(修订本)[M].北京:海洋出版社,2013.

[57] 谢素美,徐敏.海洋人力资源管理措施初探[J].海洋开发与管理,2007(4).

[58] 徐祥民.环境法学[M].北京:北京大学出版社,2005.

[59] 徐永建,钱鲁闽,焦念志.江蓠作为富营养化指示生物及修复生物的氮营养特性[J].中国水产科学,2004(3).

［60］ 杨金田,王金南.中国排污收费制度改革与设计［M］.北京:中国环境科学出版社,2000.

［61］ 杨静,曾昭爽.昌黎黄金海岸七里海潟湖的历史演变和生态修复［J］.海洋湖沼通报,2007(2).

［62］ 杨书臣.日本海洋经济的新发展及其启示［J］.港口经济,2006(4).

［63］ 杨文鹤.伦敦公约二十五年［M］.北京:海洋出版社,1998.

［64］ 殷建平,任隽妮.从康菲漏油事件透视我国的海洋环境保护问题［J］.理论导刊,2012(4).

［65］ 于保华,胥宁.我国海洋资源开发利用可持续发展分析［J］.海洋信息,2003(3).

［66］ 于均鹏,娄林.谈国际公约在我国海事管理中的适用［J］.中国水运(学术版),2007(6).

［67］ 宇文青.海水养殖对海洋环境影响的探讨［J］.海洋开发与管理,2008(12).

［68］ 翟伟康,张建辉.全国海域使用现状分析及管理对策［J］.资源科学,2013(2).

［69］ 张和庆.中国海洋倾废历史与管理现状［J］.湛江海洋大学学报,2003(5).

［70］ 张金城,汪峻峰.我国海洋生态环境安全保护存在问题与对策研究［C］.西安:第十一届国家安全地球物理专题研讨会,2015.

［71］ 张婧.胶州湾娄山河口退化滨海湿地的生态修复［J］.中国海洋大学学报,2006(3)

［72］ 赵永新.自然保护区如何更上一层楼［N］.人民日报,2003-09-25(11).

［73］ 郑鹏.中国海洋资源开发与管理态势分析［J］.农业经济与管理,2012(5).

［74］ 周厚诚,任海,等.南澳岛植被恢复过程中不同阶段土壤的变化［J］.热带地理,2001(2).

［75］ 周秋麟,牛文生,译.规划美国海洋事业的航程［M］.北京:海洋出版社,2005.

［76］ 周忠海.国际海洋法［M］.北京:中国政法大学出版社,1987.